TELEKOLLEG MULTIMEDIAL

Algebra

Josef Dillinger

D1727805

TELEKOLLEG MULTIMEDIAL

TELEKOLLEG MULTIMEDIAL wird veranstaltet von den Bildungs- bzw. Kultusministerien von Bayern, Brandenburg und Rheinland-Pfalz sowie vom Bayerischen Rundfunk (BR). Der Rundfunk Berlin-Brandenburg (RBB) unterstützt das TELEKOLLEG MULTIMEDIAL.

Dieser Band enthält das Arbeitsmaterial zu den vom Bayerischen Rundfunk produzierten Lehrsendungen.

Nähere Infos zu TELEKOLLEG MULTIMEDIAL:
www.telekolleg.de
www.telekolleg-info.de

Coverfoto: © iStockphoto.com/DNY59

1. Auflage 2010
© BRmedia Service GmbH
Alle Rechte vorbehalten
Umschlag (Konzeption): Daniela Eisenreich, München
Satz und Grafik: SMP Oehler, Remseck
Gesamtherstellung: Print Consult GmbH, München
ISBN: 978-3-941282-29-2

Inhaltsverzeichnis

Liebe Teilnehmerinnen und Teilnehmer am Telekolleg,

mit dem vorliegenden Buch steigen Sie im Bereich Mathematik in den Hauptkurs des Telekollegs ein. Für Teilnehmer, die den Vorkurs absolviert haben, sind die Themenbereiche des vorliegenden Buches eine Wiederholung und Auffrischung des bisher gelernten Mathematikstoffes.
Für Kollegiatinnen und Kollegiaten, die direkt mit dem Hauptkurs beginnen, sind die Lerninhalte eine Wiederholung des Lernstoffes, der bei der Prüfung zur Mittleren Reife verlangt wurde.

Zu Beginn werden im Kapitel „Behandlung mathematischer Probleme" grundlegende Rechentechniken aufgefrischt.

Im Kapitel „Lösungsverfahren für lineare Gleichungssysteme" werden drei Verfahren vorgestellt, die je nach vorliegender Aufgabe zur Lösung führen.

Dem Trend in der Mathematik entsprechend, dient das Kapitel „Entwicklung von Lösungsstrategien" dazu, standardisierte Aufgaben mit anwendungsbezogenen Aufgaben zu mischen.

In den Kapiteln „Quadratische Gleichungen" und „Quadratische Funktionen" lernen Sie die Grundlagen und das Rüstzeug für Problemlösungen im Bereich Mathematik, die Sie bis zur Reifeprüfung benötigen.

Das Kapitel „Anwendungen quadratischer Funktionen" zeigt auf, wie Zusammenhänge im Alltag, in der Physik oder allgemein in der Technik mit Funktionsgleichungen beschrieben und dadurch Aufgaben gelöst werden können.

Um Ihnen die Arbeit mit dem vorliegenden Buch zu erleichtern, beginnt jedes Kapitel mit dem Abschnitt „Vor der Sendung", in dem ein kurzer Überblick über den Inhalt des Kapitels gegeben wird, dem die entsprechende Telekollegsendung zugrunde liegt.
Am Ende der Unterkapitel und der gesamten Lektion finden Sie Aufgaben, deren Lösungen im Buch enthalten sind. Diese Aufgaben sind auch die Basis für die Bearbeitung der Arbeitsbögen, die den Kapiteln angepasst sind.

Ich hoffe, Sie finden einen Ihren Ansprüchen entsprechenden Einstieg in die Mathematik, und ich wünsche Ihnen viel Freude und Erfolg beim Telekolleg.

Josef Dillinger

1. Behandlung mathematischer Probleme

Vor der Sendung

In der ersten Sendung wird auf die Berechnung von einfachen geometrischen Flächen eingegangen. Des Weiteren werden Termumformungen bei Gleichungen, bei Bruchgleichungen und bei Ungleichungen vorgenommen und Strategien beim Lösen linearer Ungleichungen vorgestellt.

Übersicht

1. Im ersten Kapitel geht es um **Flächenberechnungen** von Rechtecken. Sie finden eine Übersicht von Formeln zur Berechnung einfacher geometrischer Flächen und deren Umfang.

2. Im zweiten Kapitel wird das **Rechnen mit Termen** erklärt. An den Termen werden Äquivalenzumformungen vorgenommen. Sie lernen Fachbegriffe aus dem Bereich der Mathematik kennen.
   Als äquivalente Gleichung bezeichnet man eine Gleichung, deren Linksterm und Rechtsterm gleich sind. Formt man eine äquivalente Gleichung um, so muss man mit der „umgekehrten" Rechenoperation arbeiten.

Rechenoperation	Zeichen	Umkehrung	Zeichen	Rechenoperation
Addition	+	⇔	–	Subtraktion
Subtraktion	–	⇔	+	Addition
Multiplikation	·	⇔	:	Division
Division	:	⇔	·	Multiplikation

3. Terme, die aus Zähler und Nenner bestehen und in deren Nenner eine Variable auftritt, bezeichnet man als **Bruchterme**.
   Kommt in einer Gleichung ein Bruchterm vor, so spricht man von einer Bruchgleichung. Bei Bruchgleichungen wird des Öfteren die Definitionsmenge eingeschränkt, da die Werte aus der Definitionsmenge ausgeschlossen werden müssen, bei denen der Nenner des Bruchterms null wird.
   Für die Definitionsmenge gilt: **D = ℚ\Nennernullstellen**
   Bei der Bestimmung der Lösungsmenge von Bruchgleichungen geht man nach einem bestimmten Schematismus vor, der in einer Tabelle vorgestellt wird.

4. **Lineare Ungleichungen** stellt man mit Vergleichsoperatoren wie z. B. < (kleiner) oder > (größer) dar. Am Zahlenstrahl gilt eine Zahl, die links von einer Vergleichszahl steht, als die kleinere Zahl.
   Beim Lösen einer linearen Ungleichung muss man, besonders bei der Multiplikation bzw. Division mit einem negativen Wert, beachten, dass das Ungleichheitszeichen bei einer solchen Rechenoperation umgedreht wird (Inversionsgesetz).

5. Zum Schluss der Lektion wird bei der **Flächenberechnung eines Dreiecks** auf den Lehrsatz des Pythagoras eingegangen.

1.1 Flächenberechnungen

Flächenberechnungen sind Rechenoperationen, die im Alltagsleben häufig vorkommen. Wie in der Sendung gezeigt, wird die Maßzahl einer Rechtecksfläche mit der Formel $A = a \cdot b$ berechnet. Dabei wird die Fläche mit dem Buchstaben A und die Seiten der Fläche mit a und b bezeichnet. Für die Berechnung ist es belanglos, wie die Seitenverteilung der Fläche beschaffen ist. Das heißt, die Fläche A berechnet sich aus dem Produkt von Seite a mal Seite b.

Beispiel 1: Fläche eines Rechtecks

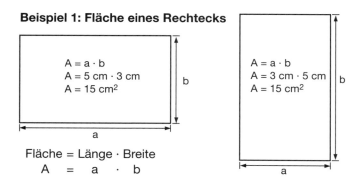

Fläche = Länge · Breite
$A=a\cdotb$

In Formelsammlungen beziehen sich die Bezeichnungen der Formeln für die Berechnungen von Flächen immer auf das Bild in der Formelsammlung (Tabelle 1). In den Aufgaben kann es durchaus vorkommen, dass die Bezeichnungen für Längen, Breiten oder Höhen von geometrischen Figuren nicht mit den Bezeichnungen in der Formelsammlung übereinstimmen. Deshalb muss man bei Berechnungen die Bezeichnungen der Angaben aus der Aufgabe auf die Bezeichnungen der Formel in der Formelsammlung anpassen.

Tabelle 1: Formeln für geometrische Flächen
Weitere Formeln finden Sie in der Formelsammlung.

Bezeichnung	Flächeninhalt	Umfang	Bezeichnung	Flächeninhalt	Umfang
Quadrat	$A = a \cdot a = a^2$	$U = a + a + a + a$ $U = 4 \cdot a$	Trapez	$A = \dfrac{a + c}{2} \cdot h$	$U = a + b + c + d$
Rechteck	$A = a \cdot b$	$U = 2 \cdot a + 2 \cdot b$	Parallelogramm	$A = a \cdot h_a$	$U = 2 \cdot a + 2 \cdot b$
Dreieck	$A = \dfrac{c \cdot h_c}{2}$	$U = a + b + c$	Kreis	$A = \pi \cdot r^2$	$U = \pi \cdot d$ $U = \pi \cdot 2 \cdot r$

Beispiel 2: Fußballfeld

Für ein Fußballfeld (Bild 1) soll Rasensamen bestellt werden. Die Verantwortlichen für diese Bestellung nehmen für die Berechnung den Plan des Spielfeldes zu Hilfe. Dem Plan nach beträgt die Länge des Spielfeldes 105 Meter und die Breite des Spielfeldes 68 Meter. Somit kann man mithilfe der Formel für die Rechtecksfläche

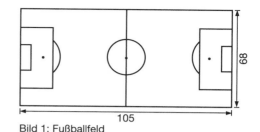

Bild 1: Fußballfeld

die Maßzahl der Fläche berechnen. Bezeichnet man die Länge mit a und die Breite mit b, so gilt für die Fläche A:

$$A = a \cdot b = 105 \text{ m} \cdot 68 \text{ m} = 7140 \text{ m}^2$$

Die Maßzahl der Fläche des Fußballfeldes beträgt 7140. Dies bedeutet, dass die Verantwortlichen mindestens für eine Fläche von 7140 Quadratmeter Rasensamen bestellen müssen.

Um die Finanzierung des Spielbetriebs zu sichern, wurden Sponsoren gesucht. Ein Sponsor verlangt, dass während der Spielpausen der Mittelkreis des Spielfeldes mit seinem Werbelogo abgedeckt wird. Welche Maße muss das quadratische Material mindesten haben, damit die Kreisfläche

Bild 2: Mittelkreis

mit einem Durchmesser von 18,30 m ausgeschnitten werden kann (Bild 2)?
Als Erstes berechnet man die Fläche des Quadrates A_Q. Dabei muss die Seite a des Quadrates so groß wie der Durchmesser d des Kreises sein.

$$A_Q = a \cdot a = 18,30 \text{ m} \cdot 18,30 \text{ m} = 334,89 \text{ m}^2$$

Aufgaben zu 1.1: Flächenberechnung

1. Berechnen Sie:
   a) die Kreisfläche des Werbelogos
   b) den Materialverschnitt bezüglich der Quadratfläche

2. Die Seitenwände und die Decke eines Wohnzimmers (Bild 3) sollen tapeziert werden. Das Wohnzimmer hat eine Länge von 5 Meter, eine Breite von 4 Meter und eine Höhe von 2,50 Meter.

   a) Berechnen Sie die Flächen der Seitenwände und der Decke.
   b) Berechnen Sie die benötigte Tapetenfläche für die Seitenwände, wenn das Fenster eine Länge von 1,2 Meter und eine Höhe von 1,1 Meter und die Tür eine Breite von 90 Zentimeter und eine Höhe von 2 Meter hat.

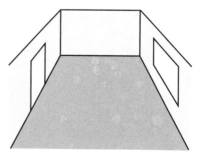

Bild 3: Wohnzimmer

1.2 Terme und Gleichungen

1.2.1 Rechnen mit Termen

Übersetzt man einen Text aus einer Fremdsprache, so ist es für eine korrekte Übersetzung notwendig, die Vokabeln der Fremdsprache zu kennen. Auch im Berufsalltag hat jede Berufsgruppe, wie z.B. die Mediziner, ihre eigenen Fachtermini. Um einem Gespräch zwischen Fachleuten folgen zu können, muss der Gesprächspartner oder Zuhörer Kenntnisse über deren Fachbegriffe haben. Auch das Fachgebiet Mathematik hat eine Menge von Fachbegriffen, deren Bedeutung beim Lesen von Texten oder beim Lösen von Aufgaben vorausgesetzt wird.

Vielleicht haben Sie es schon erlebt, dass Sie eine Aufgabe deshalb nicht lösen konnten, weil Sie nicht wussten, was mit dem Fachausdruck gemeint war. Deshalb werden in diesem Abschnitt einige Fachbegriffe aus der Mathematik in der Tabelle 1 vorgestellt und erklärt.

Tabelle 1: Fachbegriffe aus der Mathematik

Fachbegriff	Beispiel	Bemerkung
Variable	Variable a, b, … oder Variable x, y, z, …	In der Mathematik werden Buchstaben, die als „**Platzhalter**" für Zahlen benutzt werden, **Variable** genannt. Da man für diese Buchstaben je nach Situation verschiedene Zahlen einsetzen kann, nennt man Variable auch Veränderliche.
Term	Term: $T(a) = 3 \cdot a - 2$ Variable: a Termwert für a = 5: $T(5) = 3 \cdot 5 - 2 = 13$	Terme sind mathematische Ausdrücke, in denen **Variable und/oder Zahlen mit Rechenzeichen verbunden** werden. Der Wert eines Terms ergibt sich, wenn man für jede Variable eine Zahl einsetzt.
Äquivalent	$5 \cdot x - 15 = 25$ $x - 3 = 5$ $x = 8$	Zwei Terme bezeichnet man als **äquivalent** oder **gleichwertig**, wenn sie bei gleicher Belegung der Variablen mit Zahlenwerten stets denselben Termwert ergeben.
Gleichung	$T_{links} = T_{rechts}$ $9 + 1 = 6 + 4$ $3 \cdot a + 1 = 2 \cdot a + 4$	Werden zwei Terme durch ein **Gleichheitszeichen** verbunden, so entsteht eine **Gleichung**.
Grundmenge	$G = \mathbb{Z}$	Unter Grundmenge versteht man alle **Zahlen**, die „im Grunde" **für eine Variable** eingesetzt werden dürfen. Die Menge $\mathbb{Z}$ sind alle ganzen Zahlen.
Lösungsmenge	$L = \{3\}$	Aus der Gleichung $3 \cdot a + 1 = 10$ ist für a = 3 die Zahl 3 die Lösungsmenge. Die **Lösungsmenge** gibt die Werte an, die für die Variablen eingesetzt werden müssen, sodass für die **Gleichung** eine **wahre Aussage** entsteht.
Lineare Gleichung	$3 \cdot a + 1 = 10$	Gleichungen, in denen die Variable nur in der „1. Potenz" („**hoch 1**") vorkommt, bezeichnet man als **lineare Gleichungen**. Die 1. Potenz gibt man jedoch nicht an, deshalb gilt: $a^1 = a$

Termwert

Kommt in einem Term als Variable der Buchstabe a vor, so bezeichnet man den Term $T(a)$. Terme nehmen erst einen konkreten Wert an, wenn man die Variable durch eine Zahl ersetzt (Tabelle 1). Das Einsetzen einer Zahl für eine Variable bezeichnet man auch als „Belegung (oder Ersetzen) der Variablen mit einer Zahl".

Tabelle 1: Termwert

Term	Variable	Belegen	Wert des Terms
$T(a) = 3 \cdot a - 2$	a	$a = 1$ $a = 2$ $a = 3$	$T(1) = 3 \cdot 1 - 2 = 1$ $T(2) = 3 \cdot 2 - 2 = 4$ $T(3) = 3 \cdot 3 - 2 = 7$
$T(b) = 2 \cdot (b + 2)$	b	$b = 4$ $b = 5$	$T(4) = 2 \cdot (4 + 2) = 12$ $T(5) = 2 \cdot (5 + 2) = 14$
$T(x; y) = 2 \cdot (x + 2) + x \cdot y - y$	x; y	$x = 3$ $y = 2$ $x = 3$; $y = 2$	$T(3; y) = 2 \cdot (3 + 2) + 3 \cdot y - y$ $\quad = 10 + 2y$ $T(x; 2) = 2 \cdot (x + 2) + x \cdot 2 - 2$ $\quad = 2 + 4x$ $T(3; 2) = 2 \cdot (3 + 2) + 3 \cdot 2 - 2 = 14$

Äquivalente Terme

Zwei Terme nennt man gleichwertig oder äquivalent, wenn sie bei gleicher Belegung der Variablen mit Zahlenwerten stets denselben Wert ergeben. Für den Ausdruck äquivalent gibt es in der Mathematik das „Kürzel" ⇔ (Doppelpfeil). Mit diesem Zeichen kann man die Gleichwertigkeit von Termen ausdrücken.

Beispiel:

In der Mathematiksendung wurden die äquivalenten Terme $T_1(a) = 2 \cdot (a + 3)$ und $T_2(a) = 2a + 6$ vorgestellt. Die Äquivalenz der beiden Terme kann man durch beliebige Belegungen der Variablen a, z. B. $a \in \{2; 5; 8\}$, zeigen:

$$T_1(a) = 2 \cdot (a + 3) \qquad \Leftrightarrow \quad T_2(a) = 2a + 6$$
$$T_1(2) = 2 \cdot (2 + 3) = 10 \quad \Leftrightarrow \quad T_2(2) = 2 \cdot 2 + 6 = 10$$
$$T_1(5) = 2 \cdot (5 + 3) = 16 \quad \Leftrightarrow \quad T_2(5) = 2 \cdot 5 + 6 = 16$$
$$T_1(8) = 2 \cdot (8 + 3) = 22 \quad \Leftrightarrow \quad T_2(8) = 2 \cdot 8 + 6 = 22$$

Aufgaben zu 1.2.1: Rechnen mit Termen

1. Warum handelt es sich bei den Ausdrücken $x + y$; $a - b$; $4 \cdot a - 2$ und $3 \cdot x + 5$ um Terme?

2. Welche der Ausdrücke y; $y + 2$; $z - 2$; $z + 2$; z; a; $z + a$ und $2a - 4 + 2b$ sind Terme?

3. Berechnen Sie den Termwert, wenn a durch 4 und b (falls vorhanden) durch -1 belegt wird.
   a) $T(a) = 4 \cdot a - 2$
   b) $T(a) = -1 \cdot a + 12$
   c) $T(a; b) = 4 \cdot a - 2 \cdot b + 12$
   d) $T(a; b) = 3 \cdot a + 6 \cdot b - 7$
   e) $T(a; b) = 5 \cdot a - a \cdot b + 12 \cdot b$
   f) $T(a; b) = -b \cdot a - 2 \cdot a \cdot b + 14 \cdot a + 8 \cdot b$

1.2.2 Äquivalente Gleichungen

Werden zwei Terme durch ein **Gleichheitszeichen** verbunden, so entsteht eine **Gleichung**. Kommt weder im Linksterm noch im Rechtsterm der **Gleichung** eine Variable vor, so stellt die Gleichung entweder eine **wahre** Aussage (w) **oder** eine **falsche** Aussage (f) dar.

Beispiel 1: $\underbrace{9 + 1}_{10} = \underbrace{6 + 4}_{10}$ (w)　$\underbrace{12 - 4}_{8} = \underbrace{2 \cdot 4}_{8}$ (w)　$\underbrace{6 \cdot 8 - 2 \cdot 4 + 10}_{50} = \underbrace{62 - 3 \cdot 8 + 2 \cdot 5}_{48}$ (f)

Enthält mindestens einer der Terme eine Variable, kann erst durch Belegen der Variablen mit einer Zahl entschieden werden, ob die Gleichung eine wahre Aussage liefert.

Beispiel 2: Gleichung mit der Variablen a:　　$3 \cdot a + 1 = 2 \cdot a + 4$

Belegung der Variablen mit a = 1:　$\underbrace{3 \cdot 1 + 1}_{4} = \underbrace{2 \cdot 1 + 4}_{6}$　　(f)

Belegung der Variablen mit a = 2:　$\underbrace{3 \cdot 2 + 1}_{7} = \underbrace{2 \cdot 2 + 4}_{8}$　　(f)

Belegung der Variablen mit a = 3:　$\underbrace{3 \cdot 3 + 1}_{10} = \underbrace{2 \cdot 3 + 4}_{10}$　　(w)

Lösungsmenge L = {3}

Wie Sie sehen, kann man durch Einsetzen von Zahlen für die Variable überprüfen, ob eine wahre Aussage entsteht. Die Zahl 3 ist also der gesuchte Wert und somit das Lösungselement und die Lösungsmenge L der Gleichung für die Variable a. Es ist aber sehr mühsam und erfordert viel Zeit, durch Probieren die Lösungsmenge zu suchen. Deshalb versucht man, äquivalente Gleichungen zu finden.

Beispiel 3: Für die Gleichung $4 \cdot a + 5 = 13$ ist eine äquivalente Gleichung zu suchen.

$$4 \cdot a + 5 = 13 \Leftrightarrow 4 \cdot a = 8$$
„Vier mal a plus fünf gleich dreizehn" **ist äquivalent (gleichwertig) zu** „vier mal a gleich acht".

$$4 \cdot a = 8 \Leftrightarrow a = 2 \quad \text{Lösungsmenge L = \{2\}}$$
„Vier mal a gleich acht" ist äquivalent (gleichwertig) zu „a gleich zwei".

Für a = 2 ergibt sich für die Gleichung $4 \cdot a + 5 = 13$ eine wahre Aussage. Somit ist die Lösungsmenge L = {2}.

Aufgaben zu 1.2.2 Äquivalente Gleichungen

1. Geben Sie für die Gleichungen a) bis d) äquivalente Gleichungen an. Die Grundmenge ist $\mathbb{Z}$.

a) $4 \cdot a + 4 = 12$	b) $4 \cdot a + 4 = -12$	c) $7 \cdot a - 5 = 16$	d) $7 \cdot a + 5 = -16$
$4 \cdot a \quad =$	$4 \cdot a \quad =$	$7 \cdot a \quad =$	$7 \cdot a \quad =$
$a \quad =$	$a \quad =$	$a \quad =$	$a \quad =$

2. Handelt es sich bei den Gleichungen a) bis c) um äquivalente Gleichungen?
   a) $6 \cdot a + 5 = 35 \Leftrightarrow 6 \cdot a = 30$ 　　　　b) $4 \cdot a - 5 = 15 \Leftrightarrow 4 \cdot a = 20$
   c) $-4 \cdot a + 5 = -15 \Leftrightarrow 4 \cdot a = 20$

1.2.3 Äquivalenzumformungen bei Gleichungen

In der Sendung wurde das Lösen der linearen Gleichung $3 \cdot a + 1 = 2 \cdot a + 4$ gezeigt. Bei dieser Gleichung handelt es sich deshalb um eine lineare Gleichung, weil die Variable a in der 1. Potenz („hoch 1") vorkommt. Die 1. Potenz wird als Exponent (Hochzahl) nicht angeschrieben, deshalb gilt bei Variablen ohne Exponent immer: $a = a^1$.
Um die Lösungsmenge für eine lineare Gleichung zu finden, nimmt man so lange Äquivalenzumformungen vor, bis man die Lösungsmenge ablesen kann. Bei diesen Äquivalenzumformungen wendet man immer die „umgekehrte" Rechenoperation der Verknüpfung des Terms an (Tabelle 1).

Tabelle 1: Rechenoperation ↔ Umkehrung der Rechenoperation

Rechenoperation	Zeichen	↔	Zeichen	Umkehrung der Rechenoperation
Addition (Zusammenzählen)	+	↔	–	Subtraktion (Abziehen)
Subtraktion (Abziehen)	–	↔	+	Addition (Zusammenzählen)
Multiplikation (Malnehmen), nicht erlaubt mit der Zahl Null	·	↔	:	Division (Teilen), nicht erlaubt mit der Zahl Null
Division (Teilen), nicht erlaubt mit der Zahl Null	:	↔	·	Multiplikation (Malnehmen), nicht erlaubt mit der Zahl Null

Äquivalenzumformungen sind also „Werkzeuge", um Gleichungen umzuformen. Dabei muss man auf jeder Seite der Gleichung die gleiche Rechenoperation ausführen (Tabelle 2). Diese Umformungen führt man durch, damit auf einer Seite entweder eine Zahl oder eine Variable verschwindet oder auf die andere Seite des Gleichheitszeichens „wandert".

Tabelle 2: Äquivalenzumformungen mit einer Zahl

Rechenoperation	Beispiel		Begründung
• **Addition** mit einer Zahl	$3 \cdot x - 2 = 7$ $3 \cdot x \underbrace{- 2 + 2}_{0} = 7 + 2$ $3 \cdot x = 9$	$\mid + 2$ $\mid$ ausrechnen	damit 3x alleine auf einer Seite steht
• **Subtraktion** mit einer Zahl	$3 \cdot x + 2 = 11$ $3 \cdot x \underbrace{+ 2 - 2}_{0} = 11 - 2$ $3 \cdot x = 9$	$\mid - 2$ $\mid$ ausrechnen	damit 3x alleine auf einer Seite steht
• **Multiplikation** mit einer Zahl $\neq 0$	$\frac{1}{3}x = 1$ $\underbrace{3 \cdot \frac{1}{3}}_{1}x = 3 \cdot 1$ $x = 3$	$\mid \cdot 3$ $\mid$ ausrechnen	damit die Variable x alleine steht
• **Division** mit einer Zahl $\neq 0$	$3 \cdot x = 9$ $\frac{3 \cdot x}{3} = \frac{9}{3}$ $x = 3$	$\mid : 3$ $\mid$ ausrechnen	damit die Variable x alleine steht

Äquivalenzumformungen werden nicht nur mit Zahlen, sondern auch mit Termen vorgenommen (Tabelle 1). Durch diese Umformung wird versucht, die gesuchte Variable auf einer Seite des Gleichheitszeichens zu isolieren.

Tabelle 1: Äquivalenzumformungen mit einem Term

Rechenoperation	Beispiel		Begründung
• **Addition** mit einem Term	$3 \cdot x = 15 - 2 \cdot x$ $3 \cdot x + 2 \cdot x = 15 \underbrace{- 2 \cdot x + 2 \cdot x}_{0}$ $5 \cdot x = 15$	$\mid + 2 \cdot x$ $\mid$ vereinfachen	damit die Variable x auf einer Seite steht
• **Subtraktion** mit einem Term	$3 \cdot x = 5 + 2 \cdot x$ $3 \cdot x - 2 \cdot x = 5 \underbrace{+ 2 \cdot x - 2 \cdot x}_{0}$ $x = 5$	$\mid - 2 \cdot x$ $\mid$ vereinfachen	damit die Variable x auf einer Seite steht
• **Multiplikation** mit einem Term (Term ≠ 0)	$\dfrac{x - 4}{a - 2} = 2$ $\dfrac{x - 4}{a - 2} \cdot (a - 2) = 2 \cdot (a - 2)$ $x - 4 = 2 \cdot a - 4$	$\mid \cdot (a - 2); a \neq 2$ $\mid$ vereinfachen	damit der Term im Nenner verschwindet
• **Division** mit einem Term (Term ≠ 0)	$x \cdot (a - 2) = 2a - 4$ $\dfrac{x \cdot (a - 2)}{(a - 2)} = \dfrac{2a - 4}{(a - 2)}$ $x = 2$	$\mid : (a - 2); a \neq 2$ $\mid$ vereinfachen	damit x alleine steht

Mithilfe von Äquivalenzumformungen können lineare Gleichungen so lange umgeformt werden, bis man die gesuchte Lösung gefunden hat.

Um den Wahrheitsgehalt der Lösung zu überprüfen, setzt man die Lösung in die Ausgangsgleichung ein. Dieses Verfahren wird als **Probe** bezeichnet.

Beispiel 1:
Bestimmen Sie die Lösung der Gleichung 8x + 10 = 34 und machen Sie die Probe.

$8x + 10 = 34$ $\mid -10$ Auf beiden Seiten der Gleichung subtrahiert man die Zahl 10, damit 8x alleine steht.

$8x + 10 - 10 = 34 - 10$ Gleichung vereinfachen, d. h. Berechnungen durchführen.

$8x = 24$ $\mid : 8$ Auf beiden Seiten der Gleichung wird mit der Zahl 8 dividiert, damit x alleine steht.

$\dfrac{8x}{8} = \dfrac{24}{8}$ Gleichung vereinfachen, d. h. „kürzen".

$x = 3$ Probe durchführen, d. h. für x den Wert 3 in die Gleichung einsetzen.

$8 \cdot 3 + 10 = 34$
$34 = 34$ (w) x = 3 ist die Lösung der Gleichung und 3 die Lösungsmenge.
$L = \{3\}$

Beispiel 2:

Bestimmen Sie die Lösungsmenge der Gleichung $3a + 1 = 2a + 4$.

$3a + 1 = 2a + 4$	$\mid - 2a$	Auf beiden Seiten der Gleichung subtrahiert man 2a, damit die Variable a auf einer Seite steht.
$3a - 2a + 1 = 2a - 2a + 4$		Gleichung vereinfachen, d.h. Berechnungen durchführen.
$a + 1 = 4$	$\mid - 1$	Auf beiden Seiten der Gleichung subtrahiert man die Zahl 1, damit a alleine steht.
$a + 1 - 1 = 4 - 1$		Gleichung vereinfachen, d.h. ausrechnen.
$a = 3$		Probe durchführen, d.h. für a den Wert 3 in die Gleichung einsetzen.

$3 \cdot 3 + 1 = 2 \cdot 3 + 4$

$10 = 10$ (w)

$L = \{3\}$ a = 3 ist die Lösung der Gleichung und 3 die Lösungsmenge.

Um Schreibarbeit zu sparen, können Sie die Schritte abkürzen.

Beispiel 3:

Bestimmen Sie die Lösungsmenge der Gleichung $6x - 2 = 3(2x + 2)$; $x \in \mathbb{Q}$.

$6x - 2 = 3(2x + 2)$ Klammer ausmultiplizieren

$6x - 2 = 6x + 6$ $\mid - 6x$

$-2 = 6$ (f); $L = \{\ \}$

Die letzte Gleichung stellt eine falsche Aussage dar. Die Gleichung ist für jede Belegung von x nicht erfüllt. Daher ist die Lösung die leere Menge.

Beispiel 4:

Bestimmen Sie die Lösungsmenge der Gleichung $4x - 2 = 2(2x - 1)$; $x \in \mathbb{Q}$.

$4x - 2 = 2(2x - 1)$ Klammer ausmultiplizieren

$4x - 2 = 4x - 2$ $\mid - 4x$

$-2 = -2$ (w); $L = \mathbb{Q}$

Die Gleichung ist allgemein gültig. Sie liefert für jeden Wert von x eine wahre Aussage. Daher sind alle rationalen Zahlen die Lösungsmenge.

Beispiel 5:

Bestimmen Sie die Lösungsmenge der Gleichung $ax - c = b$; $x \in \mathbb{Q}$.

$ax - c = b$ $\mid + c$

$ax = b + c$

$ax = b + c$ $\mid : a \neq 0$

$x = \dfrac{b + c}{a}$;

$L = \left\{ \dfrac{b + c}{a} \right\}$

Die Lösung ist der Term $x = \dfrac{b + c}{a}$ für $a \neq 0$.
Für a = 0 existiert nur dann eine Lösung, falls gilt: $-c = b$

Beispiel 6:

Bestimmen Sie die Lösungsmenge der Gleichung $ax + 5a = 3$; $x \in \mathbb{Q}$.

$ax + 5a = 3$ $\mid - 5a$

$ax = 3 - 5a$

$ax = 3 - 5a$ $\mid : a \neq 0$

$x = \dfrac{3 - 5a}{a}$;

$L = \left\{ \dfrac{3 - 5a}{a} \right\}$

Die Lösung ist der Term $x = \dfrac{3 - 5a}{a}$ für $a \neq 0$.
Für a = 0 gilt $L = \{\ \}$, da sonst als Gleichung 0 = 3 gelten würde.

In den Gleichungen in Beispiel 5 und 6 wurden Formvariable verwendet. Solche Gleichungen mit Formvariablen sind Ihnen mit Sicherheit aus der Technik, der Physik oder aus dem Berufsalltag bekannt. In diesen Bereichen bezeichnet man diese Gleichungen als **Formeln**. Diese Formeln verwendet man zur Lösung von Sachproblemen. Sucht man aus einer Formel eine Größe, so kann man die Lösung durch Äquivalenzumformungen bestimmen.

Beispiel 7:

Eine Bank hat einem Sparer laut Kontoauszug für sein Kapital von 20 000 € einen Zinsertrag von 450 € für sechs Monate gutgeschrieben. Der Sparer möchte überprüfen, welchen Zinssatz die Bank berechnet hat. Um den Zinssatz zu berechnen, muss man die Formel für den Zinsertrag $z = \dfrac{K \cdot p \cdot t}{100 \cdot 12}$ nach der Größe p umstellen.

Formel für die Zinsen
$$z = \frac{K \cdot p \cdot t}{100 \cdot 12}$$

z Zinsertrag in €
K Kapital in €
p Zinssatz in Prozent
t Zeit in Monaten

$z = \dfrac{K \cdot p \cdot t}{100 \cdot 12}$ $| \cdot (100 \cdot 12)$ Beide Seiten mit dem Nenner multiplizieren.

$z \cdot (100 \cdot 12) = K \cdot p \cdot t$ $| : (K \cdot t)$ Beide Seiten durch K und t dividieren.

$\dfrac{z \cdot 100 \cdot 12}{K \cdot t} = p$ Nun steht p alleine und die Zahlen können eingesetzt werden.

$p = \dfrac{z \cdot 100 \cdot 12}{K \cdot t} = \dfrac{450 \cdot 100 \cdot 12}{20\,000 \cdot 6} = 4{,}5$ Das Kapital wurde mit einem Zinssatz von 4,5 % verzinst.

Aufgaben zu 1.2.3: Äquivalenzumformungen bei Gleichungen

1. Bestimmen Sie die Lösungsmenge der Gleichungen a) bis f). Die Grundmenge ist $\mathbb{Q}$.

a) $x - 3 = 8$ b) $x + 5 = 16$ c) $\dfrac{x + 3}{5} - 2 = 6$

d) $5x - 3 = 2x + 9$ e) $2 \cdot (x - 5) = 5x + 4$ f) $x - 7 \cdot (x - 2) = 4 - x - (2x + 5)$

2. Stellen Sie die Formel nach der angegebenen Größe um.

a) Umstellen nach b   b) Umstellen nach c   c) Umstellen nach c

     $U = 2 \cdot a + 2 \cdot b$ $A = \dfrac{c \cdot h_c}{2}$ $A = \dfrac{a + c}{2} \cdot h$

3. Die Zinsformel lautet $z = \dfrac{K \cdot p \cdot t}{100 \cdot 12}$ (siehe Beispiel 7). In wie vielen Monaten bringt ein Kapital von 12 500 € bei einer Verzinsung von 4,3 % einen Zins von 537,50 €?

4. Die Fläche eines Rechtecks berechnet man mit $A = a \cdot b$ und den Umfang mit $U = 2 \cdot a + 2 \cdot b$.

a) Ein rechteckiger Bauplatz hat eine Fläche von 672 m². Die Seite a hat eine Länge von 24 m. Berechnen Sie die Länge der Seite b.

b) Ein Schäfer steckt für seine Schafe mit einem 200 m langen Zaun eine rechteckige Fläche zum Weiden ab. Eine Seitenlänge beträgt 60 m. Welche Länge hat die zweite Seite?

1.3 Bruchgleichungen

Terme, die einen Nenner besitzen und in deren **Nenner eine Variable** vorkommt, bezeichnet man als **Bruchterme**. Wenn in einer Gleichung ein Bruchterm auftritt, spricht man von einer Bruchgleichung. Bei Bruchtermen muss als Erstes die Definitionsmenge bestimmt werden.

Definitionsmenge

Die Definitionsmenge D erhält man bei Bruchgleichungen, indem man diejenige Zahl aus der Grundmenge $\mathbb{Q}$ ausschließt, für die der Nenner null wird. **D = $\mathbb{Q}$\ Nennernullstellen** (gesprochen: Definitionsmenge D gleich die rationalen Zahlen $\mathbb{Q}$ ohne Nennernullstellen)

Beispiel 1:

In der Sendung wurde die Gleichung $\frac{3}{x + 2} = 2$; G = $\mathbb{Q}$ vorgestellt. In dieser Gleichung kommt im Nenner die Variable x vor, deshalb handelt es sich um eine Bruchgleichung.
Um die Definitionsmenge D für diese Bruchgleichung zu bestimmen, schließt man aus der Grundmenge G der rationalen Zahlen $\mathbb{Q}$ die Nullstelle des Nenners aus.

Lösung: $\quad$ x + 2 = 0 $\qquad$ | –2
$\qquad\qquad$ x = –2
$\qquad\qquad$ D = $\mathbb{Q}$\{–2}
$\qquad\qquad$ (gesprochen: Definitionsmenge D gleich die rationalen Zahlen ohne minus Zwei)

Bestimmen der Lösungsmenge

Bruchgleichungen werden gelöst, indem man sie in äquivalente Terme umformt. Man kann Bruchterme mit dem Nenner (oder Hauptnenner) multiplizieren und dadurch eine Gleichung ohne Nennerterme bilden.
Um die Lösungsmenge von Bruchgleichungen zu erhalten, empfiehlt es sich, eine bestimmte Strategie anzuwenden, um in einzelnen Schritten (Tabelle 1) zum Erfolg zu kommen.

Tabelle 1: Schritte zum Lösen von Bruchgleichungen

Schritt	Bezeichnung des Schritts	Bemerkung
1	Definitionsmenge bestimmen	Nullstelle des Nenners von der Grundmenge ausschließen **D = G\ Nennernullstellen**
2	Mit dem (Haupt-)Nenner beide Seiten der Gleichung multiplizieren	Durch die Multiplikation mit dem Nenner erhält man eine lineare Gleichung
3	Äquivalenzumformungen vornehmen	Durch Äquivalenzumformungen wird die Gleichung so lange umgeformt, bis die Lösung abgelesen werden kann
4	Lösungsmenge bestimmen	Prüfen, ob die Lösung für die Variable Element der Definitionsmenge ist; Lösungsmenge angeben

Beispiel 2:

Bestimmen Sie die Lösungsmenge der Gleichung $\frac{3}{x+2} = 2$; $G = \mathbb{Q}$.

Lösung: Die Lösung erfolgt entsprechend den Schritten in Tabelle 1.

1. Schritt: $x + 2 = 0$ Nenner des Bruchterms gleich null setzen

               $x + 2 = 0$ $| -2$ Durch Äquivalenzumformung x berechnen

               $x = -2$

               $D = \mathbb{Q} \setminus \{-2\}$ $x = -2$ von der Grundmenge ausschließen

2. Schritt: $\frac{3}{x+2} = 2$ $| \cdot (x + 2)$ Mit dem Nenner $(x + 2)$ beide Seiten multiplizieren

3. Schritt: $3 = 2 \cdot (x + 2)$ Rechte Seite der Gleichung multiplizieren

               $3 = 2x + 4$ $| -4$ Durch Äquivalenzumformung x berechnen

               $-1 = 2x$ $| : 2$

               $-\frac{1}{2} = x$

4. Schritt: $x = -\frac{1}{2} \in D \Rightarrow L = \left\{-\frac{1}{2}\right\}$ Die Lösungsmenge lautet $x = -\frac{1}{2}$.

Beispiel 3:

Ein Ehepaar will die Fertigstellung seines Gartens mit einer Gartenparty feiern. Dabei soll es als Vorspeise Austern geben. Die Gastgeber planen pro Person 4 Austern ein. Die Austern können nur in einem Behältnis von 64 Stück gekauft werden. Wie viele Gäste muss das Ehepaar einladen, damit keine Auster übrig bleibt?

Lösung: Die Bruchgleichung $\frac{64}{x+2} = 4$ ist die Umsetzung der Aufgabe in eine mathematische Gleichung. Die Grundmenge sind die natürlichen Zahlen $G = \mathbb{N}$.

1. Schritt: $x + 2 = 0$

               $x = -2 \notin \mathbb{N} \Rightarrow D = \mathbb{N}$

2. Schritt: $\frac{64}{x+2} = 4$ $| \cdot (x + 2)$

3. Schritt: $64 = 4 \cdot (x + 2) = 4x + 8$ $| -8$

               $56 = 4x$ $| : 4$

               $14 = x$

4. Schritt: $x = 14 \in D \Rightarrow L = \{14\}$ Die Gastgeber müssen 14 Gäste einladen.

Aufgaben zu 1.3: Bruchgleichungen

1.   Geben Sie für $G = \mathbb{Q}$ die Definitionsmenge der Gleichungen an.

     a) $\frac{3}{x-2} = \frac{1}{x+1}$ b) $2 = \frac{1}{x+1}$ c) $\frac{x-6}{3} = x + 2$ d) $\frac{2x-4}{2} = 2 \cdot (x - 1)$

2.   Geben Sie für $G = \mathbb{Q}$ die Lösungsmenge an.

     a) $4 = \frac{1}{x+1}$ b) $\frac{1}{x-2} = \frac{3}{x+1}$ c) $\frac{4}{2x} - \frac{1}{x+1} = 0$ d) $\frac{a}{x-2} = 2$; $a \in \mathbb{Z}$

1.4 Lineare Ungleichungen

Bei einer Gleichung ist alles im „Gleichgewicht". Das heißt, die eine Seite der Gleichung ist so gewichtig (schwer) wie die andere Seite. Ist jedoch eine Seite schwerer oder leichter als die andere Seite, spricht man von einem Ungleichgewicht oder einer Ungleichung. Stellt man Vergleiche im Alltag an, handelt es sich meistens um „Ungleichungen". Eine Person oder ein Gegenstand ist größer oder kleiner als die Vergleichsperson (Bild 1). Gleiches gilt bei Preisen: Etwas ist teurer oder billiger als der Vergleichsgegenstand.

In der Mathematik werden Terme durch Vergleichsoperatoren (Tabelle 1) verbunden. Bisher haben wir zwei gleiche Terme durch ein Gleichheitszeichen (=) miteinander verbunden. In entsprechender Weise lassen sich auch ungleiche Terme, von denen der eine Term **größer** (>) oder **kleiner** (<) als der andere Term ist, durch ein Ungleichheitszeichen miteinander in Verbindung bringen.

Werden Zahlen auf dem Zahlenstrahl (Bild 2) miteinander verglichen, so gilt immer die **Zahl, die links** von der anderen **steht**, als **kleiner** als die Vergleichszahl.

In einem Ungleichungssudoku (Bild 3) kann dies bei der Lösung behilflich sein.

Bild 1: Größenvergleich Mutter – Kind
Die Mutter ist größer als ihr Baby, oder das Baby ist kleiner als die Mutter.

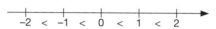

$$-2 \; < \; -1 \; < \; 0 \; < \; 1 \; < \; 2$$

Bild 2: Zahlenstrahl

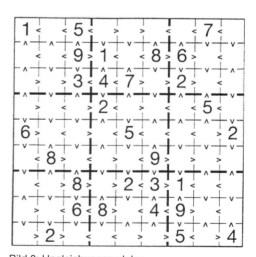

Bild 3: Ungleichungssudoku

Tabelle 1: Vergleichsoperatoren

Operator	Bezeichnung
=	gleich
>	größer (als)
≥	größer oder gleich (als)
<	kleiner (als)
≤	kleiner oder gleich (als)

Lineare Ungleichungen

Beim Lösen einer linearen Ungleichung sind die gleichen Äquivalenzumformungen wie beim Lösen von linearen Gleichungen möglich. Die Lösungsmenge besteht nicht nur aus einer Zahl, sondern sie kann aus einer „Menge" von Zahlen bestehen.

Beispiel 1: Bestimmen Sie aus $G = \mathbb{Q}$ die Lösungsmenge der Ungleichung $2x - 4 > 6$.

$$2x - 4 > 6 \quad | +4$$
$$2x > 10 \quad |:2$$
$$x > 5 \quad \Rightarrow \quad L = \{x | x > 5\}_{\mathbb{Q}}$$

(gesprochen: Die Lösungsmenge ist die Menge aller x, für die gilt: x größer fünf und x Element der rationalen Zahlen.)
Lösung der Ungleichung sind also alle Zahlen, die größer sind als fünf.

Inversionsgesetz

Allerdings gilt bei Äquivalenzumformungen von Ungleichungen noch folgende besondere Regel:

> Multipliziert man eine Ungleichung mit einer **negativen Zahl** oder **dividiert** man sie durch eine **negative Zahl**, dann wird das **Ungleichheitszeichen** (Vergleichsoperator) **umgedreht**. Das heißt, aus einem Kleiner-Zeichen (<) wird ein Größer-Zeichen (>) und umgekehrt. Diese Regel bezeichnet man als Inversionsgesetz.
> Das Inversionsgesetz gilt auch für ≤ (kleiner oder gleich) bzw. ≥ (größer oder gleich).

Beispiel 2:

Bestimmen Sie die Lösungsmenge der Ungleichung $-2x + 3 > 5$ mit $G = \mathbb{Q}$ und geben Sie die Lösungsmenge sowohl in der Mengenschreibweise als auch am Zahlenstrahl an. Führen Sie dann die Probe mit einer beliebigen Zahl aus der Lösungsmenge durch.

Es gibt hier zwei Vorgehensweisen, um die Lösungsmenge zu bestimmen:

1. Möglichkeit

$$-2x + 3 > 5 \quad | -3$$
$$-2x > 2 \quad | : (-2) \quad \text{Inversionsgesetz}$$
$$x < -1$$

Das Ungleichheitszeichen dreht sich um:
Aus „größer" wird „kleiner".

Für die Lösungsmenge der Ungleichung gilt:
$L = \{x | x < -1\}\mathbb{Q}$

2. Möglichkeit

$$-2x + 3 > 5 \quad | + 2x \quad \text{Die Variable bleibt}$$
nicht auf der linken Seite.

$$3 > 5 + 2x \quad | - 5$$
$$-2 > 2x \quad | : 2$$
$$-1 > x$$

Liest man die Gleichung nicht wie gewohnt von „links nach rechts", sondern fängt mit der Variablen x an, dann muss die Gleichung von „rechts nach links" gelesen werden und lautet dann: $x < -1$
$L = \{x | x < -1\}\mathbb{Q}$

Führt man eine Probe durch, so sucht man eine Zahl aus der Lösungsmenge und setzt diese Zahl in die Ungleichung ein. Es muss eine wahre Aussage entstehen.
Wähle z. B. $x = -2$: $-2 \cdot (-2) + 3 > 5$; $7 > 5$ (w)

Aufgaben zu 1.4: Lineare Ungleichungen

Bestimmen Sie die Lösungsmengen der Ungleichungen a) bis f) und geben Sie die Lösungsmenge in der Mengenschreibweise an.

a) $2x > 8$; $G = \mathbb{Q}$ b) $2x - 3 > 5$; $G = \mathbb{Q}$ c) $4x - 4 < 2x + 5$; $G = \mathbb{Q}$

d) $4x - 4 < 2x + 5$; $G = \mathbb{Z}$ e) $4(x - 4) < 2x + 5$; $G = \mathbb{Z}$ f) $-2(x - 4) > 2x + 5$; $G = \mathbb{Q}$

1.5 Flächenberechnung eines Dreiecks

Die Flächenberechnung im Kapitel 1.1 gestaltete sich deshalb relativ einfach, weil man die Maße für die Berechnungen direkt den Angaben entnehmen konnte. Im Falle der Dreiecksfläche der Pyramide ist dies nicht so einfach, denn die Höhe der Pyramide stimmt nicht mit der Dreiecksseitenhöhe überein. Diese Höhe muss man mithilfe eines anderen „Werkzeugs" berechnen.

Flächenformel einer Dreiecksfläche

Die allgemeine Formel für die Berechnung einer Dreiecksfläche lautet: $A = \dfrac{g \cdot h}{2}$

Dabei bezeichnet man die Grundlinie mit g und die Höhe mit h.

In unserem Beispiel ist die Grundlinie die Seite von A nach B und hat die Länge 40 Meter. Die Dreieckshöhe h von H nach S, wobei H die Mitte von A nach B ist, kann man über das Hilfsdreieck HMS mithilfe des Lehrsatzes des Pythagoras berechnen.

Lehrsatz des Pythagoras

Sie kennen mit Sicherheit die allgemeine Formulierung $c^2 = a^2 + b^2$ des Lehrsatzes von Pythagoras, bei dem die Seite c die längste Seite und die Seiten a und b die kürzeren Seiten im rechtwinkligen Dreieck sind. Diesen Sachverhalt muss man nun auf das Hilfsdreieck HMS anwenden. Es gilt:
$\overline{HS}^2 = \overline{HM}^2 + \overline{MS}^2$

Setzt man die Zahlenwerte ein, so kann man die Länge der benötigten Höhe berechnen.

$HS^2 = 10^2 + 30^2 = 100 + 900 = 1000$

Nun muss man noch die Gleichung $\overline{HS}^2 = 1000$ lösen.

$\overline{HS}^2 = 1000 \quad | \sqrt{}$

$\overline{HS} = \sqrt{1000} = 31{,}62$

Die Fläche des Dreiecks ABS kann jetzt berechnet werden.

$A = \dfrac{\overline{AB} \cdot \overline{HS}}{2} = \dfrac{40\ m \cdot 31{,}62\ m}{2} = 632{,}4\ m^2$

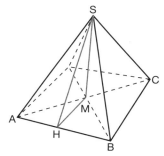

Bild 1: Pyramide aus der Sendung mit rechteckiger Grundfläche

Länge $\overline{AB}$ = 40 m, Länge $\overline{BC}$ = 20 m und Höhe $\overline{MS}$ = 30 m

Bezeichnungen

V	Volumen	h	Höhe
A	Grundfläche	h_s	Mantelhöhe
l	Seitenlänge	b	Breite
l_1	Kantenlänge		

Bild 2: Dreiecksfläche A

$$\text{Fläche: } A = \dfrac{g \cdot h}{2} = \dfrac{\overline{AB} \cdot \overline{HS}}{2}$$

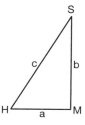

Bild 3: Lehrsatz des Pythagoras
Hilfsdreieck HMS

$$c^2 = a^2 + b^2$$
$$\overline{HS}^2 = \overline{HM}^2 + \overline{MS}^2$$

1

Wiederholungsaufgaben

1. **Flächenberechnung**
Gegeben ist die von der Straße aus sichtbare Frontseite eines Anwesens (siehe Skizze). Berechnen Sie die Teilflächen A_{ACB}, A_{OFCA}, A_{EDC} und A_{FGDE} und geben Sie die Flächenmaßzahl der gesamten Frontseite an.

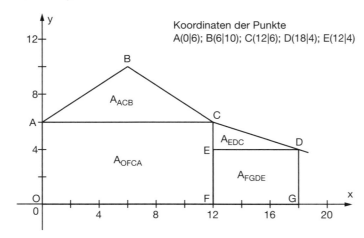

Koordinaten der Punkte
A(0|6); B(6|10); C(12|6); D(18|4); E(12|4)

2. Berechnen Sie den Termwert, wenn a durch –1 und b durch 2 belegt wird.
a) $T(a; b) = 4 \cdot a - 2 \cdot b + 12$
b) $T(a; b) = 3 \cdot a + 6 \cdot b - 7$
c) $T(a; b) = 5 \cdot a - a \cdot b + 12 \cdot b$
d) $T(a; b) = -b \cdot a - 2 \cdot a \cdot b + 14 \cdot a + 8 \cdot b$

3. Eine Bank hat einem Sparer laut Kontoauszug für sein Kapital von 12 000 € auf dem Konto 504 € Zinsertrag für ein Jahr gutgeschrieben. Überprüfen Sie, welchen Zinssatz die Bank berechnet hat.
Zur Berechnung nehmen Sie die Formel für den Zinsertrag $z = \dfrac{K \cdot p \cdot t}{100 \cdot 12}$.

4. Bestimmen Sie die Lösungsmenge der Gleichungen a) bis f). Die Grundmenge ist $\mathbb{Q}$.

a) $x - 12 = 8$
b) $x - 5 = 14$
c) $\dfrac{x + 3}{5} - 4 = 8$

d) $5x + 3 = 2x + 7$
e) $2 \cdot (x - 5) = 5x + 12$
f) $x - 7 \cdot (x + 2) = 4 - x - (2x - 5)$

5. Geben Sie für $G = \mathbb{Q}$ die Definitionsmenge und die Lösungsmenge der Gleichungen an.

a) $\dfrac{3}{x + 2} = \dfrac{1}{x - 1}$
b) $\dfrac{2x - 4}{2} = 2 \cdot (x + 1)$
c) $8 = \dfrac{1}{x + 1}$

6. Bestimmen Sie die Lösungsmengen der Ungleichungen a) und b) und geben Sie die Lösungsmenge in der Mengenschreibweise an.
a) $3(x + 4) < -2(x + 2) - 5$; $G = \mathbb{Q}$
b) $\dfrac{3 - x}{2} < \dfrac{2x - 3}{5}$; $G = \mathbb{Q}$

2.   Lösungsverfahren für lineare Gleichungssysteme

Vor der Sendung

In der vorherigen Lektion haben Sie Äquivalenzumformungen kennengelernt, die in dieser Lektion beim Lösen linearer Gleichungen wieder angewandt werden.

In dieser Sendung wird Ihnen das Schaubild einer linearen Gleichung gezeigt, das eine Gerade ist. Dabei bezeichnet man eine Gleichung deshalb als linear, weil ihre Variablen höchstens in der 1. Potenz vorkommen.

Existieren mehr als eine lineare Gleichung, so nennt man dies ein lineares Gleichungssystem, das in dieser Form dargestellt wird:

$$a_1 x + b_1 y = c_1$$
$$\wedge \ a_2 x + b_2 y = c_2$$

Will man ein lineares Gleichungssystem lösen, so werden Werte gesucht, die beim Einsetzen in beide Gleichungen eine wahre Aussage ergeben. Dabei kann es zu drei möglichen Lösungsmengen kommen. Existiert nur ein Wertepaar, entspricht dies der Schnittmenge (Schnittpunkt) der beiden Geraden. Tritt als Lösung die leere Menge auf, dann handelt es sich um parallele Geraden. Ergibt die Lösung unendlich viele Wertepaare, dann handelt es sich um identische Geraden.

Folgende Möglichkeiten bieten sich bei der Lösung von linearen Gleichungssystemen an:

* das **graphische Lösungsverfahren**
* das **Einsetzverfahren**
* das **Gleichsetzverfahren**
* das **Additionsverfahren**

Übersicht

1. Unter einer **linearen Gleichung** versteht man eine Gleichung, bei der die Variablen (Unbekannten) höchstens in der **1. Potenz** vorkommen.

2. Beim **Einsetzverfahren** wird eine Gleichung nach einer Variablen aufgelöst und der für die **Variable** gefundene Term in die andere Gleichung **eingesetzt**. Es entsteht dann eine Gleichung mit nur einer Variablen, die durch Äquivalenzumformung gelöst werden kann.

3. Beim **Gleichsetzverfahren** löst man beide Gleichungen nach der gleichen Variablen auf. Dann setzt man beide **Terme gleich**. Es entsteht eine Gleichung mit nur einer Variablen, die man durch Äquivalenzumformung lösen kann.
   Dabei ist es belanglos, nach welcher Variablen man eine Gleichung auflöst.

4. Wird durch **Addition** (oder auch Subtraktion) **der linken und rechten Terme** der beiden Gleichungen eine Variable eliminiert, so bezeichnet man dieses Lösungsverfahren als **Additionsverfahren**. Auch bei diesem Verfahren bleibt nach der Addition der beiden Gleichungen nur noch eine Gleichung mit nur einer Variablen übrig. In dieser Gleichung bestimmt man durch Äquivalenzumformungen die Lösung. Häufig müssen aber vor der Addition der Gleichungen eine oder beide Ausgangsgleichungen mit geeigneten Zahlen multipliziert werden, damit eine Variable bei der Addition herausfällt.

2.1 Lineare Gleichungen

Aus Kapitel 1 wissen Sie, dass Sie eine Gleichung durch Äquivalenzumformungen lösen können. Solche Äquivalenzumformungen nehmen Sie im Alltag des Öfteren vor, ohne an Mathematik zu denken.

Beispiel:

Sie wollen mit Ihrem Partner auf einer Südseeinsel Urlaub machen und gehen deshalb in ein Kaufhaus, um entsprechende Kleidung zu kaufen. Der Preis für die erstandene Ware beträgt 112 €. An der Kasse (Bild 1) geben Sie einen 100-Euro-Schein und einen 20-Euro-Schein ab und erwarten Ihr Rückgeld. Um zu prüfen, ob das rückerstattete Geld stimmt, müssen Sie in Gedanken folgende lineare Gleichung lösen:

Bild 1: Einkauf für den Urlaub

$$100\ € + 20\ € = \text{Ware} + \text{Rückgeld}$$
$$120\ € = 112\ € + \text{Rückgeld} \mid - 112\ €$$
$$120\ € - 112\ € = \text{Rückgeld}$$
$$8\ € = \text{Rückgeld}$$

Sie erwarten also an der Kasse 8 € zurück. Wie Sie erkennen, kann durch Äquivalenzumformungen der Betrag des Rückgeldes problemlos berechnet werden.

Bild 2: Geschenkset „moon"

Nachdem Sie für den Urlaub gerüstet sind, fliegen Sie mit Ihrem Partner zum gewählten Urlaubsziel (es sei Ihnen gegönnt).

Beim Einkaufsbummel entdecken Sie in einem Geschäft für Souvenirs das Geschenkset „moon", bestehend aus zwei Muscheln und drei Perlen, für acht Inselwährungseinheiten. Ihr Reisepartner zupft Sie am Ärmel und stellt die Frage, wie viel denn nun in dieser Packung eine Muschel bzw. eine Perle kostet?

Auf den ersten Blick scheint dies eine einfache Textaufgabe zu sein, doch sehen Sie beim Versuch, die Aufgabe zu lösen, bald die neue Schwierigkeit: Gesucht sind hier zwei Variable und nicht nur eine wie beim Kauf der Urlaubskleidung im Kaufhaus.

Bezeichnet man den Preis einer Muschel mit x und den Preis einer Perle mit y, so kann man für das Geschenk „moon" folgende Gleichung aufstellen:

$$2 \cdot x + 3 \cdot y = 8$$

Damit sind die Informationen des Aufgabentextes erschöpft, und man muss feststellen, dass es nicht eindeutig möglich ist, eine Lösung für den Preis einer Muschel und einer Perle anzugeben.

Wählt man z.B. x = 1 und y = 2 oder x = 2,5 und y = 1, so sind alleine durch einfaches Probieren unterschiedliche Lösungen möglich.

Dass es bei der Gleichung $2 \cdot x + 3 \cdot y = 8$ mehrere Lösungen gibt, muss nicht verwundern, denn die Gleichung drückt die Relation zwischen x und y aus.

Der Graph in Bild 1 zeigt die Vielzahl der möglichen Wertepaare für x und y, die diese Gleichung erfüllen. Natürlich sind nicht alle rechnerisch möglichen Werte für x und y auch praktisch möglich, weil weder die Muscheln noch die Perlen negative Preise haben können. Ebenso sind nur Preise im Zehntelbereich oder Hundertstelbereich möglich, da die Münzen der Währungen nur in bestimmten Einheiten vorkommen.

Um den richtigen Preis zu ermitteln, sind jedenfalls die Angaben aus dem Set „moon" unzureichend. Es wird eine weitere Angabe benötigt.

Der Souvenirladen führt noch ein weiteres Geschenkset. Das etwas größere Geschenkset „sun", bestehend aus drei Muscheln und fünf Perlen, kostet dreizehn Inselwährungseinheiten (Bild 2).

Bezeichnet man den Preis einer Muschel wieder mit x und den Preis einer Perle wieder mit y, so erhält man zusätzlich zur Gleichung aus dem Geschenkset „moon" eine weitere lineare Gleichung:

$$3 \cdot x + 5 \cdot y = 13$$

Auch diese zweite Gleichung ist eine lineare Relation und hat als Graphen eine Gerade.

In Bild 3 sind die beiden den Gleichungen entsprechenden Geraden eingezeichnet.

Aus den Graphen ist ersichtlich, dass die Koordinaten des Punktes S(1|2) die einzigen Werte sind, die sowohl bei der Gleichung

$2 \cdot x + 3 \cdot y = 8$ als auch bei der Gleichung $3 \cdot x + 5 \cdot y = 13$ eine wahre Aussage liefern.

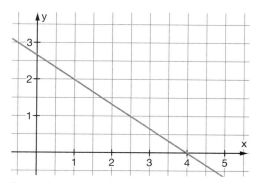

Bild 1: $2 \cdot x + 3 \cdot y = 8$

Bild 2: Geschenkset „sun"

2

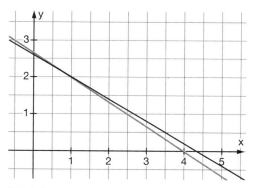

Bild 3: Schnittmenge

Probe:

Berechnung der Gleichungen „moon" und „sun" mit x = 1 und y = 2

„moon": $2 \cdot x + 3 \cdot y = 8$

$\qquad 2 \cdot 1 + 3 \cdot 2 = 2 + 6 = 8$ (wahr)

„sun": $\quad 3 \cdot x + 5 \cdot y = 13$

$\qquad 3 \cdot 1 + 5 \cdot 2 = 3 + 10 = 13$ (wahr)

Die Lösung dieses Gleichungssystems wird als **Schnittmenge** bezeichnet.

Schnittmenge

Die Lösung eines linearen Gleichungssystems sind Werte für die in diesem Gleichungssystem vorkommenden Variablen, die beim Einsetzen in die Gleichungen für jede Gleichung eine wahre Aussage ergeben. Eine solche **Lösung** des Gleichungssystems bezeichnet man als **Schnittmenge**. Bei Gleichungssystemen mit zwei Variablen können Zahlenpaare aus der jeweiligen Grundmenge die Schnittmenge bilden. Betrachtet man allgemein zwei Mengen M_1 und M_2, so versteht man unter der Schnittmenge diejenigen Mengenteile, die sowohl in der Menge M_1 als auch in der Menge M_2 vorkommen. Dabei kann die Schnittmenge sehr unterschiedlich ausfallen. Dies wird mit Beispielen aus dem Alltag erklärt.

Beispiel 1:

Nimmt man z. B. eine Familie (Bild 1), so können die Gene der Mutter als M_1 und die Gene des Vaters als M_2 bezeichnet werden. Die Schnittmenge der Gene von Mutter und Vater sind die Gene des gemeinsamen Kindes, das sowohl Gene der Mutter als auch Gene des Vaters besitzt.

Bild 1: Schnittmenge

Beispiel 2:

Wird bei einer Vater-Kind-Beziehung ein Vaterschaftstest durchgeführt, so wird eine Untersuchung des Genmaterials des Kindes M_1 mit dem Genmaterial des Vaters M_2 vorgenommen. Fällt diese Untersuchung negativ aus, so gibt es keine gemeinsamen Gene zwischen Kind und Vater und die Lösungsmenge ist die leere Menge (Bild 2).

Bild 2: Leere Menge

Beispiel 3:

Eine weitere Lösungsmengenkonstellation bei Schnittmengen gibt es, wenn z. B. ein genetischer Fingerabdruck ausgewertet wird. Stimmen bei dieser Untersuchung das Genmaterial M_1 vom Tatort mit dem Genmaterial M_2 des Tatverdächtigen überein, so ist M_1 identisch mit M_2 und für die Schnittmenge M_s gilt: $M_s = M_1 = M_2$ (Bild 3)

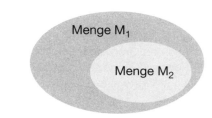

Bild 3: Identische Mengen

Es ist also beim Lösen eines linearen Gleichungssystems mit zwei Gleichungen entscheidend, einen Wert für die Variablen x und y zu finden, der sowohl bei der ersten Gleichung **und** bei der zweiten Gleichung eine wahre Aussage liefert.

Für die Darstellung eines linearen Gleichungssystems in allgemeiner Form gilt:

$$a_1x + b_1y = c_1$$
$$\wedge\ a_2x + b_2y = c_2$$

Dabei dürfen a_1 und b_1 bzw. a_2 und b_2 nicht gleichzeitig null sein.

Wie in der Sendung gezeigt, wird ein lineares Gleichungssystem mit UND ($\wedge$) versehen, um zu verdeutlichen, dass die Lösung für beide Gleichungen gelten muss.

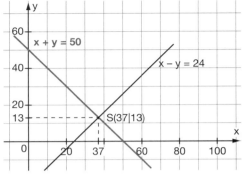

Bild 1: Lösungsmenge eines Gleichungssystems

2

Beispiel: Altersbestimmung

Sie haben sicherlich schon von Aufgaben mit folgender Fragestellung gehört:

Eine Mutter und ihre Tochter sind zusammen 50 Jahre alt. Die Mutter ist vierundzwanzig Jahre älter als ihre Tochter. Wie alt sind beide?

Bezeichnet man das Alter der Mutter mit x und das Alter der Tochter mit y, so erhält man aus dem ersten Satz die lineare Gleichung x + y = 50 und aus dem zweiten Satz die lineare Gleichung x = y + 24.

Für die Lösung der Aufgabe muss man folgendes Gleichungssystem berechnen:

$$x + y = 50$$
$$\wedge\ x - y = 24$$

Bild 1 zeigt die Graphen der beiden linearen Gleichungen. Der Punkt S(37|13) ist die Schnittmenge der beiden Gleichungen und somit die Lösung der Aufgabe. Die Mutter hat ein Alter von 37 Jahren und die Tochter ein Alter von 13 Jahren.

Schnittmenge von linearen Gleichungen

Das Schaubild einer linearen Gleichung ist eine Gerade. Ist ein lineares Gleichungssystem zu lösen, so sucht man die Schnittmenge der beiden Gleichungen und somit den **Schnittpunkt** der beiden Geraden.

Beispiel 1: Graphische Lösung

Gesucht ist in der Grundmenge $\mathbb{R}$ die Lösung des linearen Gleichungssystems.

$$2x + 4y = 14$$
$$\wedge \; 4x - y = 10$$

Um die Graphen der beiden Gleichungen zeichnen zu können, formen Sie die Gleichungen in die für Sie gewohnte Form um und berechnen jeweils zwei Punkte der Geraden. Anschließend zeichnen Sie die Geraden.

Gleichung I:

$$2x + 4y = 14 \Rightarrow y = -\frac{1}{2}x + \frac{7}{2}$$

Punkte: z. B. $M\left(0 \left| \frac{7}{2}\right.\right)$ und $N(7|0)$

Gleichung II:

$$4x - y = 10 \Rightarrow y = 4x - 10$$

Punkte: z. B. $Q(2|-2)$ und $R(4|6)$

Bild 1 zeigt die Graphen der beiden Gleichungen. Der Schnittpunkt **S(3|2)** ist der einzige Punkt, der sowohl für Gleichung I als auch für Gleichung II eine wahre Aussage und somit die Lösung des Gleichungssystems liefert.

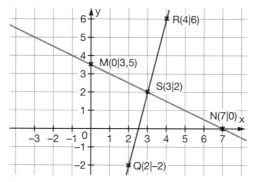

Bild 1: Schnittpunkt zweier Geraden

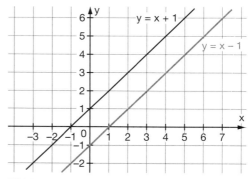

Bild 2: Parallele Geraden

Bei den bisherigen linearen Gleichungssystemen mit jeweils zwei Gleichungen für die zwei Variablen x und y haben wir immer eine eindeutige Lösung erhalten, d. h. genau einen Wert für x und genau einen Wert für y. Da das Lösungsverfahren darauf beruht, den Schnittpunkt zweier Geraden zu bestimmen, ist Ihnen auf Grund Ihrer alltäglichen Erfahrung oder auch aus der Schule klar, dass in einigen Fällen Lösungsschwierigkeiten auftreten können.

Beispiel 2: Parallele Geraden

Gesucht ist die Lösung des linearen Gleichungssystems.

$$2x - 2y = 2$$
$$\wedge \; -2x + 2y = 2$$

Bild 2 zeigt die Schaubilder der beiden linearen Gleichungen. Dabei ist ersichtlich, dass die den beiden Gleichungen entsprechenden Geraden parallel sind und somit keinen Schnittpunkt aufweisen. Es gibt also kein Wertepaar (x|y), das beide Gleichungen des Gleichungssystems erfüllt.

Eine weitere Schwierigkeit zeigt sich bei folgendem Gleichungssystem:

$$3x - 2y = 1$$
$$\wedge\; -6x + 4y = -2$$

Multipliziert man z. B. die erste Gleichung mit -2, so erhält man folgendes Gleichungssystem:

$$3x - 2y = 1 \qquad |\cdot(-2)$$
$$\wedge\; -6x + 4y = -2$$

$$-6x + 4y = -2$$
$$\wedge\; -6x + 4y = -2$$

Sie sehen, man erhält zwei identische Gleichungen.

Da das Schaubild einer linearen Gleichung eine Gerade ist, kann deren Graph leicht gezeichnet werden. In Bild 1 sehen Sie den Graphen der Gleichung $y = \frac{3}{2}x - \frac{1}{2}$.

Dabei sind alle Zahlenpaare $(x\,|\,y)$ Lösung des linearen Gleichungssystems. Es gibt also unendlich viele Lösungen mit der Lösungsmenge:

$$L = \left\{(x\,|\,y)\,\Big|\, y = \frac{3}{2}x - \frac{1}{2}\right\}$$

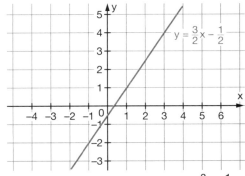

Bild 1: Graph der linearen Gleichung $y = \frac{3}{2}x - \frac{1}{2}$

Tabelle 1: Geraden der linearen Gleichungen

nicht parallel	$L = \{(x\,|\,y)\} \Rightarrow$ Schnittpunkt
parallel	$L = \{\,\} \Rightarrow$ Leere Menge
identisch	$L = \left\{(x\,|\,y)\,\Big|\, y = -\dfrac{a_1}{b_1}x + \dfrac{c_1}{b_1}\right\}$ $\Rightarrow$ Unendlich viele Lösungen

Zusammenfassend (Tabelle 1) kann über lineare Gleichungen mit zwei Variablen Folgendes gesagt werden:

$$a_1 x + b_1 y = c_1$$
$$\wedge\; a_2 x + b_2 y = c_2$$

mit $a_1 \neq 0$, $a_2 \neq 0$, $b_1 \neq 0$ und $b_2 \neq 0$

1. Das lineare Gleichungssystem hat genau eine Lösung, wenn $a_1 : a_2 \neq b_1 : b_2$ ist. In diesem Fall besitzen die zugehörigen Geraden einen Schnittpunkt.
2. Das lineare Gleichungssystem hat keine Lösung, wenn $a_1 : a_2 = b_1 : b_2$, aber $b_1 : b_2 \neq c_1 : c_2$ und c_1 oder c_2 nicht gleichzeitig null sind. In diesem Fall sind die Gleichungen widersprüchlich. Die zugehörigen Geraden sind parallel. Die Lösungsmenge ist die leere Menge.
3. Das lineare Gleichungssystem hat unendlich viele Lösungen, wenn $a_1 : a_2 = b_1 : b_2$ und $b_1 : b_2 = c_1 : c_2$ oder $c_1 = c_2 = 0$ ist. Die beiden Gleichungen gehen dann durch Äquivalenzumformung (Multiplikation mit einer Zahl $\neq 0$) auseinander hervor. Ihre zugehörigen Geraden fallen zusammen.

Aufgaben zu 2.1

Lösen Sie folgende Gleichungen graphisch:

1. $3x - 2y = 1$
$\wedge\; 2x - y = 0$

2. $x + y = 3$
$\wedge\; -x + 2y = -3$

3. $0,5x - 1,5y = 1$
$\wedge\; -2x + 6y = -3$

2.2　Einsetzverfahren

Sie werden festgestellt haben, dass es beim graphischen Lösen eines linearen Gleichungssystems nicht immer einfach ist, die exakte Lösungsmenge anzugeben. Schwierigkeiten können beim akkuraten Zeichen der Gleichungen bzw. beim genauen Ablesen der Lösung entstehen, besonders wenn x bzw. y in der Lösung keine ganzen Zahlen, sondern Bruchterme sind. Deshalb ist es besser, die Lösung eines linearen Gleichungssystems mit einem Rechenverfahren zu ermitteln.

Ein Rechenverfahren zum Lösen linearer Gleichungen ist das Einsetzverfahren. Dabei geht man folgendermaßen vor:

> Eine Gleichung wird nach einer Variablen aufgelöst und der für die Variable gefundene Term in die andere Gleichung eingesetzt. Es entsteht dann eine Gleichung mit nur einer Variablen, die durch Äquivalenzumformung gelöst werden kann.

Beispiel 1:
Gesucht ist die Lösung des linearen Gleichungssystems:
(I)　　　　$2x - 6y = 14$
(II)　　　　$3x + 4y = 8$

Hinweis:　Die römischen Zahlen (I) und (II) werden ab jetzt zum Nummerieren der Gleichungen eines Gleichungssystems benutzt, um das Lösungsverfahren platzsparend erklären zu können.

1. Lösungsweg:
Das Einsetzverfahren beruht darauf, als Erstes eine der Gleichungen nach einer der Variablen umzustellen. Zum Beispiel so:

(I) nach x umstellen:　　　$2x - 6y = 14$　　　$| + 6y$
　　　　　　　　　　　　　　　$2x = 14 + 6y$　　　$| : 2$
　　　　　　　　　　　　　　　　$x = 7 + 3y$　　　$(*)$

Die Gleichung $x = 7 + 3y$ besagt, dass x das Gleiche wie $7 + 3y$ ist. Wenn das so ist, kann statt der Variablen x der Term $7 + 3y$ in Gleichung (II) eingesetzt werden.
$x = 7 + 3y$ in (II): $3(7 + 3y) + 4y = 8$

Es ergibt sich eine Gleichung nur mit der Variablen y, die durch Äquivalenzumformungen gelöst werden kann.

　　　　　　　　$21 + 9y + 4y = 8$　　　$| - 21$
　　　　　　　　　　　　　$13y = -13$　　　$| : 13$
　　　　　　　　　　　　　　　$y = -1$

Nun ist noch der Wert für x zu berechnen. Dazu nimmt man am besten die vorhin nach x umgestellte Gleichung (mit einem (*) markiert) und setzt den für y erhaltenen Wert ein:
　　　　　　　　　　　$x = 7 + 3(-1)$
　　　　　　　　　　　$x = 7 - 3$
　　　　　　　　　　　$x = 4$

Lösung: x = 4

y = −1

Probe:

(I) $2 \cdot 4 - 6 \cdot (-1) = 8 + 6 = 14$ (wahr)

(II) $3 \cdot 4 + 4 \cdot (-1) = 12 - 4 = 8$ (wahr)

$\Rightarrow L = \{(4\,|-1)\}$

Im Schaubild (Bild 1) können Sie die Lösungsmenge ablesen. Sie entspricht dem Schnittpunkt der Graphen der beiden linearen Gleichungen.

Hinweis: Beim Einsetzverfahren ist es am Anfang nicht von Bedeutung, welche Gleichung man nach welcher Variablen auflöst. Die Lösung kann mit jeder gewählten Variablen ermittelt werden.

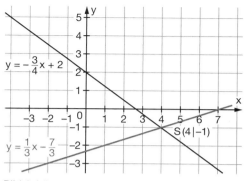

Bild 1: Lösungsmenge des linearen Gleichungssystems

2. Lösungsweg:

(I) nach y umstellen:

$$2x - 6y = 14 \qquad |-2x$$
$$-6y = 14 - 2x \qquad |:(-6)$$
$$y = \frac{14}{-6} - \frac{2x}{-6}$$
$$y = -\frac{7}{3} + \frac{1}{3}x \qquad (*)$$

$y = -\frac{7}{3} + \frac{1}{3}x$ in (II): $\quad 3x + 4\left(-\frac{7}{3} + \frac{1}{3}x\right) = 8$

$$3x - \frac{28}{3} + \frac{4}{3}x = 8 \qquad |+\frac{28}{3}$$
$$\frac{13}{3}x = \frac{52}{3} \qquad |:\frac{13}{3}$$
$$x = 4$$

Nun ist noch der Wert für y zu berechnen. Dazu nimmt man am besten die vorhin nach y umgestellte Gleichung (mit einem (∗) markiert) und setzt den für x erhaltenen Wert ein:

$$y = -\frac{7}{3} + \frac{1}{3} \cdot 4 = -\frac{7}{3} + \frac{4}{3} = -\frac{3}{3} = -1$$

Lösung: x = 4

y = −1

Beachten Sie: Der 1. Lösungsweg ist einfacher, da hier keine Brüche auftreten. Es gibt häufig Probleme, wenn mit Brüchen gearbeitet werden muss. Wählen Sie deshalb am Anfang des Rechenganges diejenige Gleichung aus (falls dies möglich ist), bei der keine Brüche entstehen.

Beispiel 2:

In der Sendung wurde folgendes Beispiel vorgestellt:

$G = \mathbb{R} \times \mathbb{R}$

   (I) $2x - 3 = y$
   (II) $3x + 2y = 8$

Lösung:

Sie sehen, dass Gleichung (I) schon nach der Variablen y aufgelöst ist. Deshalb verwenden Sie aus Gleichung (I) $y = 2x - 3$ und setzen in Gleichung (II) für y den Term $2x - 3$ ein.

$y = 2x - 3$ in (II): $3x + 2(2x - 3) = 8$

$$3x + 4x - 6 = 8 \quad | + 6$$
$$7x = 14 \quad | : 7$$
$$x = 2$$

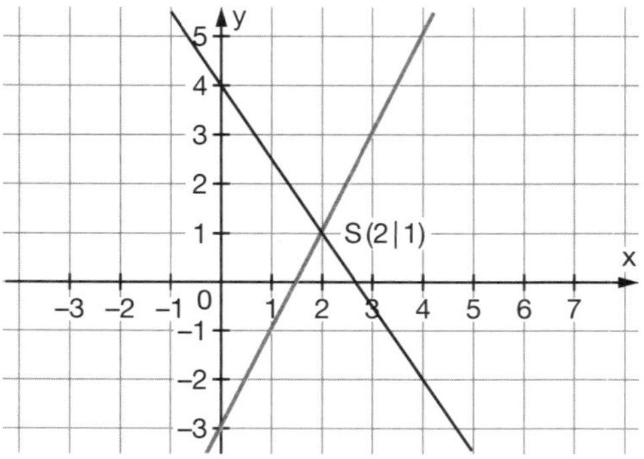

Bild 1: Lösungsmenge des linearen Gleichungssystems

Nun ist noch der Wert für y zu berechnen. Dafür setzt man den für x erhaltenen Wert in Gleichung (I) ein.

$$2 \cdot 2 - 3 = y$$
$$4 - 3 = 1 = y$$

Lösung: $x = 2$
        $y = 1$

Probe:

(I) $2 \cdot 2 - 3 = 1$ (wahr)
(II) $3 \cdot 2 + 2 \cdot 1 = 6 + 2 = 8$ (wahr)
$\Rightarrow L = \{(2; 1)\}$

Im Schaubild (Bild 1) sehen Sie die Lösungsmenge. Sie entspricht dem Schnittpunkt der Graphen der beiden linearen Gleichungen.

Aufgaben zu 2.2

Lösen Sie die folgenden linearen Gleichungssysteme und machen Sie die Probe:

1. (I) $-x + 4y = 3$
    (II) $3x - 10y = 1$

2. (I) $3x + 4y = -13$
    (II) $-4x - 12y = -6$

3. (I) $0{,}3x - 0{,}5y = 0$
    (II) $2{,}5x - 4{,}1y = 0{,}2$

4. (I) $0{,}5x + y = 2$
    (II) $2x - y = 6$

5. (I) $\dfrac{x}{4} - \dfrac{y}{2} = 1$
    (II) $x + y = 0$

6. (I) $13x - 6y = 0$
    (II) $6x + 5y = 101$

2.3 Gleichsetzverfahren

Ein weiteres Rechenverfahren zum Lösen linearer Gleichungen ist das Gleichsetzverfahren. Dabei geht man folgendermaßen vor:

> Beide Gleichungen werden nach der gleichen Variablen aufgelöst. Dann werden beide Terme gleichgesetzt. Es entsteht eine Gleichung mit nur einer Variablen, die durch Äquivalenzumformung gelöst werden kann.

Beispiel 1:
Als Aufgabe wird wieder folgendes Gleichungssystem gewählt:
(I) $2x - 6y = 14$
(II) $3x + 4y = 8$

Lösungsweg:
Das Gleichsetzverfahren beruht darauf, als Erstes beide Gleichungen nach derselben Variablen umzustellen. In diesem Beispiel werden beide Gleichungen nach der Variablen x aufgelöst.

(I) nach x umstellen:
$$2x - 6y = 14 \qquad | + 6y$$
$$2x = 14 + 6y \qquad | : 2$$
$$x = 7 + 3y \qquad (*)$$

(II) nach x umstellen
$$3x + 4y = 8 \qquad | - 4y$$
$$3x = 8 - 4y \qquad | : 3$$
$$x = \frac{8}{3} - \frac{4}{3}y \qquad (**)$$

Beim Gleichsetzverfahren folgt nun $(*) = (**)$, d.h., die Gleichung $x = 7 + 3y$ und die Gleichung $x = \frac{8}{3} - \frac{4}{3}y$ werden gleichgesetzt:

$$7 + 3y = \frac{8}{3} - \frac{4}{3}y \qquad | -7 + \frac{4}{3}y$$

$$3y + \frac{4}{3}y = \frac{8}{3} - 7 \qquad | \text{ vereinfachen}$$

$$\frac{13}{3}y = -\frac{13}{3} \qquad | : \frac{13}{3}$$

$$y = -1$$

Nun ist noch der Wert für x zu berechnen. Dazu nimmt man am besten die vorhin nach x umgestellte Gleichung $(*)$ und setzt den für y erhaltenen Wert ein:

$$x = 7 + 3(-1)$$
$$x = 7 - 3$$
$$x = 4$$

Lösung: x = 4

y = −1

Probe:

(I) $2 \cdot 4 - 6 \cdot (-1) = 8 + 6 = 14$ (wahr)

(II) $3 \cdot 4 + 4 \cdot (-1) = 12 - 4 = 8$ (wahr)

$\Rightarrow L = \{(4 | -1)\}$

Hinweis: Beim Gleichsetzverfahren ist es am Anfang nicht von Bedeutung, nach welcher Variablen man die Gleichungen auflöst.

Man kann die Lösung mit jeder gewählten Variablen ermitteln.

Beispiel 2:

In der Sendung wurde folgendes Beispiel vorgestellt:

$G = \mathbb{R} \times \mathbb{R}$

(I) $2x - 3 = 4y$

(II) $x + 1 = 4y$

Bei diesem Gleichungssystem wäre es ungünstig, nach der Variablen x aufzulösen, da sowohl bei Gleichung (I) als auch bei Gleichung (II) auf der rechten Seite der Gleichung die Variable y steht. Es wäre aber auch ungeschickt, beide Gleichungen mit 4 zu dividieren, damit y „alleine" steht. Beim Gleichsetzungsverfahren können nämlich auch Terme gleichgesetzt werden.

(I) = (II): $2x - 3 = x + 1$ | $-x + 3$

x = 4

Nun ist noch der Wert für y zu berechnen. Dazu setzt man den für x erhaltenen Wert in Gleichung (I) oder in Gleichung (II) ein.

x = 4 in Gleichung (II): $4 + 1 = 4y$

$5 = 4y$ | : 4

$\dfrac{5}{4} = y$

Lösung: x = 4

$y = \dfrac{5}{4}$

Probe:

(I) $2 \cdot 4 - 3 = 4 \cdot \dfrac{5}{4}$

$5 = 5$ (wahr)

(II) $4 + 1 = 4 \cdot \dfrac{5}{4}$

$5 = 5$ (wahr) $\Rightarrow L = \left\{ \left(4; \dfrac{5}{4} \right) \right\}$

Aufgaben zu 2.3

Lösen Sie die Gleichungssysteme mit dem Gleichsetzungsverfahren.

1. (I) $7x - 5y = 6$ **2.** (I) $2x + 3y = 3$

(II) $8x + 2y = 3$ (II) $3y = 4x - 15$

2.4 Additionsverfahren

Eine weitere Möglichkeit, lineare Gleichungssysteme zu lösen, ist das Additionsverfahren. Das Additionsverfahren hat gegenüber den anderen Lösungsverfahren den Vorteil, dass durch geeignete Multiplikation der Ausgangsgleichungen beim Lösungsverfahren fast keine Brüche auftauchen.

Bei der Lösung mit dem Additionsverfahren wird folgendermaßen vorgegangen:

> Durch Addition (oder auch Subtraktion) der linken und rechten Terme der beiden Gleichungen wird eine Variable eliminiert. Somit verbleibt nur noch eine Gleichung mit nur einer Variablen. In dieser Gleichung wird durch Äquivalenzumformungen die Lösung bestimmt.
>
> Häufig müssen aber vor der Addition der Gleichungen eine oder beide Ausgangsgleichungen durch geeignete Zahlen multipliziert werden, damit eine Variable bei der Addition herausfällt.

Beispiel 1:

Als Aufgabe wird wieder folgendes Gleichungssystem gewählt:

(I) $2x - 6y = 14$
(II) $3x + 4y = 8$

Lösungsweg 1:

Das Additionsverfahren beruht darauf, beide Gleichungen durch Multiplikation mit einer Zahl so umzuformen, dass entweder die Variable x oder die Variable y bei der Addition der Gleichungen (I) und (II) eliminiert wird. In diesem Beispiel werden beide Gleichungen so multipliziert, dass die Variable x verschwindet.

(I) mit –3 multiplizieren: $2x - 6y = 14 \qquad | \cdot (-3)$
(II) mit 2 multiplizieren: $3x + 4y = 8 \qquad | \cdot 2$

$$
\begin{array}{ll}
\text{(I)}' & -6x + 18y = -42 \\
\text{(II)}' & 6x + 8y = 16 \\
\hline
\text{(I)}' + \text{(II)}' & 26y = -26 \quad | : 26 \\
& y = -1
\end{array}
$$

Man addiert die beiden Gleichungen.

Nun ist noch der Wert für x zu berechnen. Dazu verwendet man z. B. die Gleichung (I) und setzt den für y erhaltenen Wert ein:

$$
\begin{array}{ll}
2x - 6 \cdot (-1) = 14 & | - 6 \\
2x = 8 & | : 2 \\
x = 4
\end{array}
$$

Lösung: $x = 4$
$\ y = -1$

Probe: (I) $2 \cdot 4 - 6 \cdot (-1) = 8 + 6 = 14$ (wahr)
 (II) $3 \cdot 4 + 4 \cdot (-1) = 12 - 4 = 8$ (wahr)
 $\Rightarrow L = \{(4|-1)\}$

Lösungsweg 2:

Es wird gezeigt, dass es gleichgültig ist, ob die Variable x oder die Variable y eliminiert wird. Diesmal soll die Variable y verschwinden. Weil in Gleichung (II) die Variable y mit 4 multipliziert wird, wird die Gleichung (I) mit 4 multipliziert. Und weil in Gleichung (I) die Variable y mit –6 multipliziert wird, wird die Gleichung (II) mit 6 multipliziert. Dadurch erhält man –6y · 4 = –24y in Gleichung (I) und 4y · 6 = 24y in Gleichung (II), sodass bei der Addition beider Gleichungen die Variable y wegfällt.

(I) mit 4 multiplizieren: $2x - 6y = 14$ | · 4
(II) mit 6 multiplizieren: $3x + 4y = 8$ | · 6

$$
\begin{array}{rl}
\text{(I)}' & 8x - 24y = 56 \\
\text{(II)}' & 18x + 24y = 48
\end{array} \left. \right\} \text{ Man addiert die beiden Gleichungen.}
$$

$$
\begin{array}{rl}
\text{(I)}' + \text{(II)}' & 26x = 104 \quad | : 26 \\
& x = 4
\end{array}
$$

Nun ist noch der Wert für y zu berechnen. Dazu verwendet man z. B. die Gleichung (I) und setzt den für x erhaltenen Wert ein:

$$
\begin{array}{rl}
2 \cdot 4 - 6 \cdot y = 14 & | - 8 \\
-6y = 6 & | : (-6) \\
y = -1 &
\end{array}
$$

Lösung: $x = 4$
$y = -1$

Probe: (I) $\quad 2 \cdot 4 - 6 \cdot (-1) = 8 + 6 = 14$ (wahr)
(II) $\quad 3 \cdot 4 + 4 \cdot (-1) = 12 - 4 = 8$ (wahr)
$\Rightarrow L = \{(4 \mid -1)\}$

Beispiel 2:
Folgendes lineares Gleichungssystem ist zu lösen:
(I) $\quad 4x + 2y = -4$
(II) $\quad -x + 2y = 6$

Bei diesem Gleichungssystem empfiehlt es sich, entweder die Gleichungen zu subtrahieren oder eine Gleichung mit –1 zu multiplizieren und dann beide Gleichungen zu addieren, damit die Variable y eliminiert wird.

(I) mit –1 multiplizieren: $4x + 2y = -4 \qquad | \cdot (-1)$
$-x + 2y = 6$

$$
\begin{array}{rl}
\text{(I)}' & -4x - 2y = 4 \\
\text{(II)} & -x + 2y = 6
\end{array}
$$

$$
\begin{array}{rl}
\text{(I)}' + \text{(II)} & -5x = 10 \qquad | : (-5) \\
& x = -2
\end{array}
$$

34

Nun ist noch der Wert für y zu berechnen. Dazu verwendet man z. B. Gleichung (I) und setzt den für x erhaltenen Wert ein:

$$4 \cdot (-2) + 2 \cdot y = -4 \qquad | + 8$$
$$2y = 4 \qquad | : 2$$
$$y = 2$$

Lösung: $\quad x = -2$
$\qquad\quad\; y = 2$

Probe:

(I) $\quad 4 \cdot (-2) + 2 \cdot 2 = -8 + 4 = -4$ (wahr)

(II) $\quad -(-2) + 2 \cdot 2 = 2 + 4 = 6$ (wahr)

$\Rightarrow L = \{(-2\,|\,2)\}$

Aufgaben zu 2.4

Folgende lineare Gleichungssysteme sind mit dem Additionsverfahren zu lösen:

a) (I) $\; 3x - y = 11$
$\quad$ (II) $\; 2x + y = 9$

b) (I) $\; 4x + 2y = 4$
$\quad$ (II) $\; -x + 2y = 0{,}5$

c) (I) $\; 7x - 5y = 1$
$\quad$ (II) $\; 5x - 7y = 11$

Wiederholungsaufgaben

1. Lösen Sie die Aufgaben mit dem Einsetzverfahren.

a) (I) $\; 3x - 2y = -16$
$\quad$ (II) $\; -x + 2y = 12$

b) (I) $\; -4x + 9y = 5$
$\quad$ (II) $\; 4x - 3y = 1$

c) (I) $\; -6x + 7y = 9$
$\quad$ (II) $\; 4x - y = -6$

2. Die folgenden linearen Gleichungssysteme sind zu lösen. Wählen Sie ein geeignetes Lösungsverfahren.

a) (I) $\; \dfrac{x}{9} + \dfrac{y}{2} = 17$
$\quad$ (II) $\; 5x - 8y = 94$

b) (I) $\; 65x - 17y = 175$
$\quad$ (II) $\; 52x - 29y = 63$

c) (I) $\; \dfrac{x}{3} = 5y - 18$
$\quad$ (II) $\; -x + 3{,}5y = 8$

d) (I) $\; 3\,(x - y) = 2(y - 1) + 3x + 6$
$\quad$ (II) $\; \dfrac{y}{2 - 3x} = 2$

e) (I) $\; \dfrac{x - 3}{y - 5} = \dfrac{3}{5}$
$\quad$ (II) $\; \dfrac{x + 3}{y + 5} = \dfrac{5}{3}$

3. Die Gerade g mit der Gleichung $y = m \cdot x + b$ geht durch die Punkte $A(-4\,|\,0)$ und $B(2\,|\,3)$. Bestimmen Sie die Steigung m und den Achsenabschnitt b der Funktionsgleichung.

4. Gegeben ist die Gerade g: $y = \dfrac{1}{2}x + 2$ und die Gerade h: $y = -2x + 7$.

Berechnen Sie den Schnittpunkt S der Geraden g und h.

3. Entwicklung von Lösungsstrategien

Vor der Sendung

In dieser Lektion werden Aufgaben aus dem Bereich der Physik, der Technik oder der Wirtschaft vorgestellt, deren Sachverhalt mithilfe linearer Gleichungssysteme beschrieben werden kann. Für das Erstellen dieser linearen Gleichungssysteme ist es ratsam, die Aufgabe nach einem bestimmten Schema zu analysieren und so den Sachverhalt in mathematische Zusammenhänge zu bringen.

Übersicht

1. Für das Erstellen von Gleichungen aus gegebenen Sachverhalten kann man folgende **Strategie beim Lösen anwendungsbezogener Aufgaben** verfolgen:
   1. Welche Größen sind in der Aufgabenstellung vorgegeben?
   2. Welche Größen sind gesucht?
   3. Wie stehen die gefundenen und mit Variablen bezeichneten Größen miteinander in Beziehung?
   4. Die mathematische Beziehung des Sachverhalts als Gleichung formulieren.
   5. Welche Zahlenmenge muss dem Sachverhalt zugrunde gelegt werden?
   6. Wie kann man die Gleichung bzw. das Gleichungssystem lösen?
   7. Gefundene Lösung mittels Probe überprüfen.

2. Bringt man **Bewegungsaufgaben** mit konstanten Geschwindigkeiten in mathematische Zusammenhänge, so kann man deren lineare Gleichungen in Weg-Zeit-Schaubildern darstellen.

3. Das Einsetzverfahren, das Gleichsetzverfahren oder das Additionsverfahren wurden bisher zum Lösen linearer Gleichungssysteme angewandt. Zum Lösen linearer Gleichungen mit mehr als zwei Gleichungen wird das **Gauß-Verfahren** vorgestellt. Es beruht auf dem Additionsverfahren und ist bei Gleichungssystemen mit mehr als zwei Variablen übersichtlicher als die bisherigen Lösungsverfahren.
   Bei diesem Verfahren werden nur **die Koeffizienten des Gleichungssystems** in einer **Matrix** zusammengestellt und durch Multiplizieren und Addieren der Matrixzeilen Umformungen vorgenommen, die zur Lösung des Gleichungssystems führen.

4. Das **Lösen eines linearen Gleichungssystems mit drei Variablen** kann mit dem **Einsetzverfahren** erfolgen. Dabei löst man in einem Gleichungssystem mit drei Gleichungen und drei Variablen eine Gleichung nach einer Variablen auf und setzt diese Variable in die anderen Gleichungen ein. Dadurch entstehen zwei Gleichungen mit zwei Variablen. Dieses Gleichungssystem kann man dann mit den bekannten Verfahren lösen.
   Eine weitere Möglichkeit zum Lösen eines linearen Gleichungssystems mit drei Variablen bietet das **Gauß-Verfahren**.

5. Der Sachverhalt bei **Mischungsaufgaben** führt ebenfalls zu linearen Gleichungssystemen mit zwei oder drei Gleichungen, die man mit den vorgestellten Methoden lösen kann.

3.1 Strategie beim Lösen anwendungsbezogener Aufgaben

In den bisherigen Telekollegsendungen haben Sie immer wieder Aufgaben kennen gelernt, bei denen Sie Gleichungen aufstellen mussten, um das gestellte Problem lösen zu können. In dieser Lektion werden Aufgaben vorgestellt, deren Sachverhalt man mithilfe linearer Gleichungssysteme beschreiben kann. Damit man aber die Aufgabe in mathematische Beziehungen setzen kann, ist ein Schema erforderlich.
Folgende Strategiepunkte führen zur Lösung der Aufgabe:

1. Welche Größen sind in der Aufgabenstellung vorgegeben?
Bei der Analyse der Aufgabe ist es hilfreich, z. B. mit Textmarker zu arbeiten und die gesuchten Größen farblich hervorzuheben.

2. Welche Größen sind gesucht?
Die gesuchten Größen werden als Variable x, y oder z bezeichnet.

3. Wie stehen die gefundenen und mit Variablen bezeichneten Größen miteinander in Beziehung?
Müssen die Variablen mit einem Faktor multipliziert werden oder müssen Summen bzw. Differenzen gebildet werden?

4. Die mathematische Beziehung des Sachverhalts als Gleichung formulieren
Die Anzahl der Gleichungen hängt von der Anzahl der Variablen ab. Die Anzahl der Gleichungen muss gleich der Anzahl der Variablen sein.

5. Welche Zahlenmenge muss dem Sachverhalt zugrunde gelegt werden?
Dürfen z. B. nur ganze Zahlen vorkommen? Sind negative Werte erlaubt?

6. Wie kann die Gleichung bzw. das Gleichungssystem gelöst werden?
Beim Lösen wendet man eine dem vorliegenden System angepasste Lösungsmethode an.

7. Die gefundene Lösung mittels Probe überprüfen
Die Richtigkeit der gefundenen Lösungsmenge muss durch Einsetzen der Werte in das Gleichungssystem geprüft werden.

Beispiel 1: Regressionsgerade

In der beschreibenden Statistik kann eine bivariable Verteilung im einfachsten Fall durch eine Gerade dargestellt werden. In diesem Beispiel verläuft die Gerade durch die Punkte $P_1(5|5,2)$ und $P_2(10|11,2)$. Mithilfe des Schematismus soll die Gleichung der Geraden erstellt werden.

1. **Welche Größen sind in der Aufgabenstellung vorgegeben?**
   Die Größen sind die Punkte $P_1(5|5,2)$ und $P_2(10|11,2)$.

2. **Welche Größen sind gesucht?**
   Die gesuchten Größen sind die **Steigung m** und der **y-Achsenschnittpunkt b**.

3. **Wie stehen die gefundenen und mit Variablen bezeichneten Größen miteinander in Beziehung?**
   Die Geradengleichung hat die allgemeine Form $y = m \cdot x + b$.

4. **Die mathematische Beziehung des Sachverhalts als Gleichung formulieren**
   Für die zwei Unbekannten m und b werden zwei Gleichungen benötigt. Mithilfe der Punkte P_1 und P_2 können zwei Gleichungen erstellt werden.
   $P_1(5|5,2)$ ergibt die Gleichung: **(I)** $5,2 = m \cdot 5 + b$
   $P_2(10|11,2)$ ergibt die Gleichung: **(II)** $11,2 = m \cdot 10 + b$

5. **Welche Zahlenmenge muss dem Sachverhalt zugrunde gelegt werden?**
   Die Grundmenge sind die reellen Zahlen $\mathbb{R}$.

6. **Wie kann die Gleichung bzw. das Gleichungssystem gelöst werden?**
   Es handelt sich um ein lineares Gleichungssystem mit folgenden Gleichungen:
   (I) $\left. \begin{array}{l} 5,2 = 5\,m + b \\ 11,2 = 10\,m + b \end{array} \right\}$ Als Lösungsmethode bietet sich das Additionsverfahren an:
   Gleichung (I) mit −1 multiplizieren und zu Gleichung (II) addieren.
   $\Rightarrow 11,2 - 5,2 = 10\,m - 5\,m \Leftrightarrow 6 = 5\,m \quad |:5$
   $m = 1,2$
   $m = 1,2$ in (I): $5,2 = 5 \cdot 1,2 + b \Leftrightarrow b = -0,8 \Rightarrow \mathbf{y = 1,2 \cdot x - 0,8}$

7. **Die gefundene Lösung mittels Probe überprüfen**
   $P_1(5|5,2)$ in die Geradengleichung einsetzen: $5,2 = 1,2 \cdot 5 - 0,8 = 5,2$ **(wahr)**
   $P_2(10|11,2)$ in die Geradengleichung einsetzen: $11,2 = 1,2 \cdot 10 - 0,8 = 11,2$ **(wahr)**

Beispiel 2: Parabelförmiger Brückenbogen

Eine Brücke überspannt einen Bachlauf. Dabei kann die Höhe des parabelförmigen Brückenbogens mit einer Funktion 2. Grades $y = a \cdot x^2 + b \cdot x + c$ beschrieben werden. Der linke Auflagerpunkt des Brückenbogens hat die Koordinaten $O(0|0)$. Weitere Punkte sind die Punkte $P(5|5)$ und $Q(20|5)$.

Erstellen Sie die Funktionsgleichung mit der die Kontur des Brückenbogens beschrieben wird.

1. Der Aufgabenstellung können die drei Punkte **O**, **P** und **Q** entnommen werden.

2. Gesucht sind die Größen **a**, **b** und **c**.

3. Die Kontur des Bogens wird mit der Gleichung $y = a \cdot x^2 + b \cdot x + c$ beschrieben.

4. $O(0|0)$ ergibt Gleichung: **(I)** $0 = a \cdot 0^2 + b \cdot 0 + c$
   $P(5|5)$ ergibt Gleichung: **(II)** $5 = a \cdot 5^2 + b \cdot 5 + c$
   $Q(20|5)$ ergibt Gleichung: **(III)** $5 = a \cdot 20^2 + b \cdot 20 + c$

5. Die Grundmenge sind die reellen Zahlen $\mathbb{R}$.

6. Es handelt sich um ein lineares Gleichungssystem mit folgenden Gleichungen:

$$\left.\begin{array}{ll}\text{(I)} & 0 = 0 + 0 + c \\ \text{(II)} & 5 = 25a + 5b + c \\ \text{(III)} & 5 = 400a + 20b + c\end{array}\right\} \text{Aus Gleichung (I) folgt: } c = 0$$

Mithilfe des Einsetzverfahrens wird $c = 0$ in Gleichung (II) und Gleichung (III) eingefügt.

$$\left.\begin{array}{ll}\text{(II)} & 5 = 25a + 5b \\ \text{(III)} & 5 = 400a + 20b\end{array}\right\} \begin{array}{l}\text{Additionsverfahren anwenden} \\ \text{Gleichung (II) mit } -4 \text{ multiplizieren}\end{array}$$

$$\left.\begin{array}{ll}\text{(II)}' & -20 = -100a - 20b \\ \text{(III)} & 5 = 400a + 20b\end{array}\right\} \text{Gleichung (II)}' \text{ und Gleichung (III) addieren}$$

$$\begin{array}{ll}-15 = 300a & | : 300 \\[2mm] a = -\dfrac{15}{300} = -\dfrac{1}{20} & \left| a = -\dfrac{1}{20} \text{ in Gleichung (III)}\right.\end{array}$$

(III) $5 = 400 \cdot \left(-\dfrac{1}{20}\right) + 20b \quad \Leftrightarrow b = \dfrac{5}{4}$

Die Probe mit $a = -\dfrac{1}{20}$, $b = \dfrac{5}{4}$ und $c = 0$ liefert eine wahre Aussage.

Die gesuchte Gleichung lautet: $y = -\dfrac{1}{20}x^2 + \dfrac{5}{4}x$

Aufgaben zu 3.1

1. Die Gerade g geht durch die Punkte $P_1(2|2)$ und $P_2(8|-1)$. Bestimmen Sie die Funktionsgleichung der Geraden g.

2. Der Flug einer Sylvesterrakete kann mit der allgemeinen Gleichung $y = a \cdot x^2 + b \cdot x + c$ beschrieben werden. Bestimmen Sie mithilfe der Punkte $O(0|0)$, $S(8|32)$ und $T(20|-40)$ die Gleichung der Flugbahn der Sylvesterrakete.

3.2   Bewegungsaufgaben

Aufgaben aus dem Bereich der Physik, der Technik oder der Wirtschaft führen oft zu linearen Gleichungssystemen, diese Aufgaben lassen sich nach dem Schematismus aus dem vorherigen Kapitel lösen.

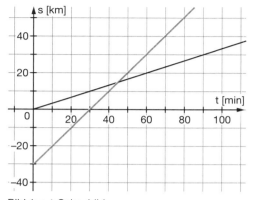
Bild 1: s-t-Schaubild

In der Sendung wurde Ihnen Familie Maier vorgestellt: Der Sohn Michael ist mit dem Mofa auf dem Weg zum Kollegtagsort, der in 18 km Entfernung liegt. Um 7.00 Uhr ist er mit seinem Mofa losgefahren. Das Mofa fährt mit einer Durchschnittsgeschwindigkeit von 20 km/h.
Die Mutter fährt dem Sohn nach 30 Minuten mit einer Durchschnittsgeschwindigkeit von 60 km/h hinterher.

Bei diesem Beispiel handelt es sich um eine Geschwindigkeits-Zeit-Aufgabe mit konstanten Bewegungsabläufen.

Einer Physikformelsammlung können Sie die Formel $v = \frac{s}{t}$ für die konstante Geschwindigkeit entnehmen. Mit v wird die Geschwindigkeit, mit s die zurückgelegte Wegstrecke und mit t die Zeit ausgedrückt. Stellt man die Formel nach der Größe s um, so erhält man für den zurückgelegten Weg s die lineare Gleichung $s = v \cdot t$. Stellt man einen Vergleich mit der Ihnen bekannten Geradengleichung $y = m \cdot x$ an, so entspricht der unabhängigen Variablen x die Zeit t und der Steigungsfaktor m entspricht der durchschnittlichen Geschwindigkeit v. Das bedeutet, mit der Zuordnung $\underset{y}{s} = \underset{m}{v} \cdot \underset{x}{t}$ kann der Graph der Funktion für den zurückgelegten Weg s in Abhängigkeit von der Zeit t gezeichnet werden. Zum Zeichnen des Graphen g_S für den zurückgelegten Weg des Sohnes benötigt man zwei Punkte, um die allgemeine Form der Geradengleichung $y = m \cdot x + b$ zu bestimmen. Legt man den Startpunkt des Sohnes als Ursprung des Koordinatensystems fest, ergibt das den ersten Punkt O (0|0). Da er mit einer Durchschnittsgeschwindigkeit von 20 km/h fährt, legt er in 60 Minuten die Strecke von 20 Kilometer zurück. Das ergibt den zweiten Punkt P (60|20). In Bild 1 ist der Graph gezeichnet. Sie wissen, beim Lösen von Gleichungen mit zwei Unbekannten benötigt man zwei Gleichungen. Mit den Punkten O (0|0) und P (60|20) ist diese Bedingung erfüllt:

(I) $0 = m \cdot 0 + t$
(II) $20 = m \cdot 60 + t$

Aus Gleichung (I) folgt: $t = 0$
$t = 0$ in (II) (Einsetzverfahren):

$20 = 60\,m \qquad | : 60$

$m = \frac{20}{60} = \frac{1}{3}$

Somit gilt die Gleichung: $y = \frac{1}{3}x$

In der Sendung wurde die Gleichung für die Wegstrecke der Mutter der Strahlensatz bemüht. An dieser Stelle wird wieder das gängige Verfahren von vorhin verwendet.

Auch für den Graphen g_M bzw. die Funktionsgleichung des Weges, den die Mutter von Michael zurücklegt, genügen zwei Punkte. Sie startet 30 Minuten später als Michael. Das ergibt den ersten Punkt A (30|0). Da sie mit einer Durchschnittsgeschwindigkeit von 60 km/h fährt, legt sie in 60 Minuten die Strecke von 60 Kilometer zurück bzw. in 30 Minuten die Strecke von 30 Kilometer. Das ergibt den zweiten Punkt B (60|30). In Bild 1 der vorherigen Seite ist auch dieser Graph gezeichnet. Mit den Punkten A (30|0) und B (60|30) kann man die Gleichung erstellen:

A (30|0):   (I) $0 = m \cdot 30 + t$ $| \cdot (-1)$
B (60|30): (II) $30 = m \cdot 60 + t$

Gleichung (I) $\cdot$ (–1) plus Gleichung (II) (Additionsverfahren):

(I)′ $0 = -30\,m - t$
(II)′ $30 = 60\,m + t$
(I)′ + (II)′: $30 = 30\,m$ $| : 30$
               $m = 1$
m = 1 in (I): $0 = 1 \cdot 30 + t$ $| - 30$
                $t = -30$

Somit gilt für die Gleichung des Weges, den Michaels Mutter zurücklegt: $y = x - 30$
Man erhält nun folgendes lineare Gleichungssystem:

(I) $y = \frac{1}{3}x$

(II) $y = x - 30$

Für die Lösung dieses Gleichungssystems stehen nun das Einsetzverfahren, das Gleichsetzverfahren oder das Additionsverfahren zur Verfügung. Welche Strategie Sie anwenden bzw. welches Verfahren Sie wählen, hängt vom Gleichungssystem ab. Bei diesem linearen Gleichungssystem ist das Gleichsetzverfahren sehr vorteilhaft, da beide Gleichungen nach dem Wert y aufgelöst sind.

(II) = (I): $x - 30 = \frac{1}{3}x$ $| - \frac{1}{3}x + 30$

               $\frac{2}{3}x = 30$ $\Leftrightarrow x = 45$

x = 45 in (II) einsetzen: $y = 45 - 30 = 15$

Die Probe liefert eine wahre Aussage. Sie treffen sich 45 Minuten nach der Abfahrt von Michael und einer zurückgelegten Wegstrecke von 15 Kilometer.
Die Lösungsmenge ist $L = \{(45|15\}$.

Aufgabe zu 3.2

Ein Ausflugsdampfer benötigt für eine Flussstrecke von 60 km stromabwärts 75 Minuten, stromaufwärts 112,5 Minuten. Wie groß ist die Strömungsgeschwindigkeit des Flusses und die durchschnittliche Geschwindigkeit des Dampfers?

3.3   Gauß-Verfahren

In Lektion 2 haben Sie zum Lösen linearer Gleichungssysteme das Einsetzverfahren, das Gleichsetzverfahren und das Additionsverfahren kennen gelernt.

Ein weiteres Verfahren zum Lösen linearer Gleichungen ist das Gauß-Verfahren. Es ist eine Erweiterung des Additionsverfahrens und eignet sich besonders gut bei Gleichungssystemen mit mehr als zwei Gleichungen.

C. F. Gauß (Deutscher Mathematiker, 1777–1855) stellte fest, dass bei einem linearen Gleichungssystem verschiedene Rechenoperationen durchgeführt werden dürfen, ohne dass sich die Lösungsmenge ändert (Tabelle 1).

Tabelle 1: Rechenoperationen in einem linearen Gleichungssystem (LGS)

Multiplizieren	Jede Gleichung (Zeile) kann mit einer Zahl ($\neq 0$) multipliziert oder dividiert werden, ohne dass sich die Lösungsmenge ändert.
Addieren	Jede Gleichung (Zeile) kann durch die Summe aus dem Vielfachen einer Gleichung und ihr selbst ersetzt werden, ohne dass sich die Lösungsmenge ändert.
Vertauschen	Die Reihenfolge der Gleichungen (Zeilen) im linearen Gleichungssystem darf vertauscht werden, ohne dass sich die Lösungsmenge ändert.

Das Gauß-Verfahren beruht auf der Idee, durch Vertauschen der Zeilen (falls erforderlich) und geschickte Addition von Zeilen das Gleichungssystem so zu vereinfachen, dass eine Dreiecksform entsteht und die Lösung einfach abgelesen werden kann. Damit das Gleichungssystem übersichtlicher wird, hat Gauß die Koeffizienten der Gleichungen herausgelöst und in eine Matrix „gepackt".

Dabei versteht man unter einer Matrix ein Zahlenschema, das aus den Koeffizienten des LGS besteht. Allgemein setzt sich eine Matrix aus m Zeilen (Anzahl der Gleichungen) und n Spalten (Anzahl der Variablen) zusammen.

Das Gauß-Verfahren in allgemeiner Form für zwei Gleichungen mit zwei Variablen sieht folgendermaßen aus:

1. Schritt: $\left.\begin{array}{l} a_1x + b_1y = c_1 \\ a_2x + b_2y = c_2 \end{array}\right\}$ Koeffizienten des LGS als Matrix schreiben $\Rightarrow \left(\begin{array}{cc|c} a_1 & b_1 & c_1 \\ a_2 & b_2 & c_2 \end{array}\right)$

2. Schritt: $\left.\left(\begin{array}{cc|c} a_1 & b_1 & c_1 \\ a_2 & b_2 & c_2 \end{array}\right)\right\}$ Umformungen nach Tabelle 1 $\Rightarrow \left.\left(\begin{array}{cc|c} 1 & 0 & w_x \\ 0 & 1 & w_y \end{array}\right)\right\} \Rightarrow L = \{(w_x \,|\, w_y)\}$

Die Vorgehensweise beim Lösen eines linearen Gleichungssystems wird am Beispiel mit zwei Variablen und zwei Gleichungen beschrieben:

Beispiel:

Das lineare Gleichungssystem ist mit dem Gauß-Verfahren zu lösen.

$\left.\begin{array}{r} 2x - 4y = 10 \\ -4x + 2y = -8 \end{array}\right\}$ Koeffizienten des LGS als Matrix schreiben $\Rightarrow \left(\begin{array}{cc|c} 2 & -4 & 10 \\ -4 & 2 & -8 \end{array}\right)$

Ziel der Umformung ist es, erst eine Dreiecksform herzustellen und dann durch Umformungen in den Hauptdiagonalen nur noch die Zahl 1 zu erzeugen.

$\left(\begin{array}{cc|c} 2 & -4 & 10 \\ -4 & 2 & -8 \end{array}\right)$ 1. Zeile durch 2 dividieren, sodass die Zahl 1 entsteht $\Leftrightarrow \left(\begin{array}{cc|c} 1 & -2 & 5 \\ -4 & 2 & -8 \end{array}\right)$

Durch die Division durch die Zahl 2 entsteht in der Hauptdiagonale links oben der Wert 1, der erwünscht ist.

Als Nächstes wird die 1. Zeile mit dem Wert 4 multipliziert, da in der Matrix links unten der Wert –4 steht. Durch Addition der mit 4 multiplizierten 1. Zeile zur 2. Zeile entsteht links unten der Wert 0.

$\left(\begin{array}{cc|c} 1 & -2 & 5 \\ -4 & 2 & -8 \end{array}\right)$ 1. Zeile mit 4 multiplizieren und zur 2. Zeile addieren $\Leftrightarrow \left(\begin{array}{cc|c} 1 & -2 & 5 \\ 0 & -6 & 12 \end{array}\right)$

Als Nächstes wird die 2. Zeile durch –6 dividiert, damit in der Hauptdiagonale rechts unten der Wert 1 entsteht.

$\left(\begin{array}{cc|c} 1 & -2 & 5 \\ 0 & -6 & 12 \end{array}\right)$ 2. Zeile durch –6 dividieren, sodass die Zahl 1 entsteht $\Leftrightarrow \left(\begin{array}{cc|c} 1 & -2 & 5 \\ 0 & 1 & -2 \end{array}\right)$

Diese Form wird als Dreiecksform bezeichnet, wenn in den Hauptdiagonalen der Wert 1 und unter der Hauptdiagonale der Wert 0 steht. Nun wird versucht, aus der Dreiecksform die Stufenform zu bilden. Dies bedeutet, dass in der Hauptdiagonale nur noch der Wert 1 steht und alle anderen Werte 0 sind.

Damit in der 1. Zeile der Wert –2 zum Wert 0 wird, multipliziert man die 2. Zeile mit 2, da durch Addition der 2. Zeile mit der 1. Zeile aus dem Wert –2 der Wert 0 entsteht.

$\left(\begin{array}{cc|c} 1 & -2 & 5 \\ 0 & 1 & -2 \end{array}\right)$ 2. Zeile mit 2 multiplizieren und zur 1. Zeile addieren $\Leftrightarrow \left(\begin{array}{cc|c} 1 & 0 & 1 \\ 0 & 1 & -2 \end{array}\right)$

Nach diesem Schritt liegt die Matrix in Stufenform vor und die Lösung kann direkt abgelesen werden.

$\left(\begin{array}{cc|c} 1 & 0 & 1 \\ 0 & 1 & -2 \end{array}\right)$ Aus der Dreiecksstufenform Lösung ablesen $\Rightarrow L = \{(1 | -2)\}$

Wenn man aus der Matrix wieder die Gleichungen bilden würde, dann hätte das Gleichungssystem folgendes Aussehen:

(I) $\quad 1 \cdot x + 0 \cdot y = 1 \qquad$ Dies bedeutet, dass durch Multiplikation der Zeilen und durch die
(II) $\;\, 0 \cdot x + 1 \cdot y = -2 \qquad$ anschließende Addition der Zeilen diese Form des Gleichungssystems entstanden ist und aus dieser die Lösung abgelesen werden kann.

Aufgaben zu 3.3

Bestimmen Sie die Lösungsmenge mit dem Gauß-Verfahren.

1. (I) $\quad 4x - 2y = -2$ **2.** (I) $\quad 2x - 5y = 9$
    (II) $\quad 2x - 3y = 3$ (II) $\quad 3x + \;\; y = 5$

3.4   Lösen eines linearen Gleichungssystems mit drei Variablen

Beim Lösen von Sachproblemen treten häufig mehr als zwei Variablen auf. Damit man bei einer Aufgabe mit z. B. drei Unbekannten die Lösungsmenge ermitteln kann, benötigt man für drei Variable drei Gleichungen. Sie haben bisher Lösungsverfahren kennen gelernt, bei denen immer nur zwei Gleichungen mit zwei Unbekannten anzutreffen waren.

In diesem Kapitel wird gezeigt, wie Sie Gleichungssysteme mit mehr als zwei Variablen lösen können. Für welches Lösungssystem Sie sich dann entscheiden, hängt vom Aufgabentyp, aber auch vom Bearbeiter der Aufgaben ab, der eine Neigung zu einem der Systeme entwickelt.

Das Einsetzverfahren

Das Einsetzverfahren ist Ihnen schon aus Lektion 2 bekannt. Sie können es auch beim Lösen von Gleichungssystemen mit mehr als zwei Variablen anwenden. Gehen Sie folgendermaßen vor:

> Aus einem Gleichungssystem mit n Gleichungen und n Variablen wird eine Gleichung nach einer Variablen aufgelöst und diese Variable in die anderen Gleichungen eingesetzt. Dadurch entstehen (n-1) Gleichungen mit (n-1) Variablen. Dies wird so lange fortgesetzt, bis ein Gleichungssystem mit zwei Gleichungen und zwei Variablen entsteht. Dieses Gleichungssystem kann dann mit den bekannten Verfahren gelöst werden.

Beispiel:

Die Lösungsmenge dieses Gleichungssystems ist zu bestimmen.

(I) $-x - 4y + z = 5$ | Gleichung (I) z. B. nach z auflösen: $\Leftrightarrow z = x + 4y + 5$

(II) $2x - 3y - 3z = -2$

(III) $4x + 5y - 2z = -3$

Als Nächstes wird $z = x + 4y + 5$ aus Gleichung (I) in Gleichung (II) und (III) eingesetzt.

$z = x + 4y + 5$ in (II): $2x - 3y - 3(x + 4y + 5) = -2$ | ausmultiplizieren

                              $2x - 3y - 3x - 12y - 15 = -2$ | sortieren

                                      $-x - 15y = 13$

$z = x + 4y + 5$ in (III): $4x + 5y - 2(x + 4y + 5) = -3$ | ausmultiplizieren

                              $4x + 5y - 2x - 8y - 10 = -3$ | sortieren

                                       $2x - 3y = 7$

Die Gleichungen, in die eingesetzt wurde, ergeben nach der Vereinfachung ein Gleichungssystem aus zwei Gleichungen mit zwei Variablen. Durch Eliminieren einer Variablen ist also aus drei Gleichungen mit drei Variablen ein Gleichungssystem aus zwei Gleichungen mit zwei Variablen entstanden.

(I)′ $-x - 15y = 13$
(II)′ $2x - 3y = 7$

Dieses lineare Gleichungssystem wird nun z. B. mit dem Additionsverfahren gelöst.
Es wird Gleichung (I)′ mit 2 multipliziert und dann zu Gleichung (II)′ addiert.

(I)′ $-x - 15y = 13$ $| \cdot 2$
(II)′ $2x - 3y = 7$

(I)″ $-2x - 30y = 26$
(II)′ $2x - 3y = 7$
(I)″ + (II)′ $-33y = 33$ $| : (-33)$
                $\mathbf{y = -1}$

Die umgestellten Gleichungen können nun in umgekehrter Reihenfolge zur Berechnung der übrigen unbekannten Variablen x und z benutzt werden.

$y = -1$ in (I)′: $-x - 15y = 13$ $\Rightarrow$ $-x - 15(-1) = 13$ $|$ ausmultiplizieren
                                      $-x + 15 = 13$ $| - 15$
                                           $-x = -2$ $| \cdot (-1)$
                                            $\mathbf{x = 2}$

$y = -1$ und $x = 2$ in (I): $z = x + 4y + 5$ $\Rightarrow$ $z = 2 + 4(-1) + 5$ $|$ ausrechnen
                                            $z = 2 - 4 + 5$
                                            $\mathbf{z = 3}$

Die Probe mit den Werten $x = 2$, $y = -1$ und $z = 3$ liefert eine wahre Aussage. Somit ist die Lösungsmenge $\mathbf{L = \{(2; -1; 3)\}}$.

Wie Sie feststellen können, kann man mit dem Einsetzverfahren in kurzer Zeit die Lösungsmenge bestimmen. Hat man aber Gleichungssysteme mit mehr als drei Gleichungen zu lösen, so wird das Einsetzverfahren aufwändig und auch teilweise unübersichtlich. In solchen Fällen greift man für die Bestimmung der Lösungsmenge zum Gauß-Verfahren, das auch bei einer Vielzahl von Gleichungen ein rationales Arbeiten zulässt.

Gauß-Verfahren
Damit Sie einen Vergleich zum Gleichsetzverfahren haben, wird das lineare Gleichungssystem mit drei Gleichungen und drei Variablen aus dem gerade bearbeiteten Beispiel mit dem Gauß-Verfahren gelöst.
Das Gauß-Verfahren ist Ihnen aus dem vorigen Kapitel bekannt. Die Vorgehensweise ist genauso wie beim Lösen eines Gleichungssystems mit nur zwei Variablen.

Beispiel:

Das lineare Gleichungssystem ist mit dem Gauß-Verfahren zu lösen.

$$\left.\begin{array}{rrrcr} -x & -4y & +z & = & 5 \\ 2x & -3y & -3z & = & -2 \\ 4x & +5y & -2z & = & -3 \end{array}\right\}$$ Koeffizienten des LGS als Matrix schreiben $\Rightarrow \begin{pmatrix} -1 & -4 & 1 & | & 5 \\ 2 & -3 & -3 & | & -2 \\ 4 & 5 & -2 & | & -3 \end{pmatrix}$

$\begin{pmatrix} -1 & -4 & 1 & | & 5 \\ 2 & -3 & -3 & | & -2 \\ 4 & 5 & -2 & | & -3 \end{pmatrix}$ 1. Zeile mit −1 multiplizieren $\Leftrightarrow \begin{pmatrix} 1 & 4 & -1 & | & -5 \\ 2 & -3 & -3 & | & -2 \\ 4 & 5 & -2 & | & -3 \end{pmatrix}$

$\begin{pmatrix} 1 & 4 & -1 & | & -5 \\ 2 & -3 & -3 & | & -2 \\ 4 & 5 & -2 & | & -3 \end{pmatrix}$ 1. Zeile mit −2 multiplizieren und zur 2. Zeile addieren $\Leftrightarrow \begin{pmatrix} 1 & 4 & -1 & | & -5 \\ 0 & -11 & -1 & | & 8 \\ 4 & 5 & -2 & | & -3 \end{pmatrix}$

$\begin{pmatrix} 1 & 4 & -1 & | & -5 \\ 0 & -11 & -1 & | & 8 \\ 4 & 5 & -2 & | & -3 \end{pmatrix}$ 1. Zeile mit −4 multiplizieren und zur 3. Zeile addieren $\Leftrightarrow \begin{pmatrix} 1 & 4 & -1 & | & -5 \\ 0 & -11 & -1 & | & 8 \\ 0 & -11 & 2 & | & 17 \end{pmatrix}$

$\begin{pmatrix} 1 & 4 & -1 & | & -5 \\ 0 & -11 & -1 & | & 8 \\ 0 & -11 & 2 & | & 17 \end{pmatrix}$ 2. Zeile mit −1 multiplizieren und zur 3. Zeile addieren $\Leftrightarrow \begin{pmatrix} 1 & 4 & -1 & | & -5 \\ 0 & -11 & -1 & | & 8 \\ 0 & 0 & 3 & | & 9 \end{pmatrix}$

$\begin{pmatrix} 1 & 4 & -1 & | & -5 \\ 0 & -11 & -1 & | & 8 \\ 0 & 0 & 3 & | & 9 \end{pmatrix}$ 2. Zeile durch −11 dividieren und durch 3 dividieren $\Leftrightarrow \begin{pmatrix} 1 & 4 & -1 & | & -5 \\ 0 & 1 & \frac{1}{11} & | & -\frac{8}{11} \\ 0 & 0 & 1 & | & 3 \end{pmatrix}$

Nach diesen Umformungen liegt die Dreiecksform vor. Als Nächstes ist die Stufenform herbeizuführen.

$\begin{pmatrix} 1 & 4 & -1 & | & -5 \\ 0 & 1 & \frac{1}{11} & | & -\frac{8}{11} \\ 0 & 0 & 1 & | & 3 \end{pmatrix}$ 3. Zeile durch −11 dividieren und zur 2. Zeile addieren $\Leftrightarrow \begin{pmatrix} 1 & 4 & -1 & | & -5 \\ 0 & 1 & 0 & | & -1 \\ 0 & 0 & 1 & | & 3 \end{pmatrix}$

$\begin{pmatrix} 1 & 4 & -1 & | & -5 \\ 0 & 1 & 0 & | & -1 \\ 0 & 0 & 1 & | & 3 \end{pmatrix}$ 3. Zeile zur 1. Zeile addieren $\Leftrightarrow \begin{pmatrix} 1 & 4 & 0 & | & -2 \\ 0 & 1 & 0 & | & -1 \\ 0 & 0 & 1 & | & 3 \end{pmatrix}$

$\begin{pmatrix} 1 & 4 & 0 & | & -2 \\ 0 & 1 & 0 & | & -1 \\ 0 & 0 & 1 & | & 3 \end{pmatrix}$ 2. Zeile mit −4 multiplizieren und zur 1. Zeilen addieren $\Leftrightarrow \begin{pmatrix} 1 & 0 & 0 & | & 2 \\ 0 & 1 & 0 & | & -1 \\ 0 & 0 & 1 & | & 3 \end{pmatrix}$

Nach dieser Umformung liegt die Stufenform vor, aus der man die Lösungsmenge x = 2, y = −1 und z = 3 ablesen kann. In der Mengenschreibweise gilt: L = {(2 | −1 | 3}

3.5   Mischungsaufgaben

In der Sendung will Familie Maier einen Obstsalat für sechs Personen nach Rezeptvorlage zubereiten, in dem 13 Gramm Eiweiß, 5,3 Gramm Fett und 216 Gramm Kohlenhydrate enthalten sind. Einer Tabelle (Tabelle 1) können die Nährstoffanteile pro 100 Gramm Obst entnommen werden.

Tabelle 1: Nährstoffanteile pro 100 g in %

Obst	Eiweiß	Fett	Kohlenhydrate
Birnen	0,4	0,5	14
Bananen	1,2	0,3	20
Mandarinen	0,9	0,3	10

Damit die korrekte Mischung für den Obstsalat gefunden wird, kann die Strategie aus Kapitel 3.1 angewandt werden, um die benötigte Menge Obst für den Salat zu ermitteln.
Nach Tabelle 1 benötigt man für die 13 Gramm Eiweiß 0,4-mal 100 Gramm Birnen, 1,2-mal 100 Gramm Bananen und 0,9-mal 100 Gramm Mandarinen.
Für die 5,3 Gramm Fett benötigt man 0,5-mal 100 Gramm Birnen, 0,3-mal 100 Gramm Bananen und 0,3-mal 100 Gramm Mandarinen.
Für die 216 Gramm Kohlenhydrate benötigt man 14-mal 100 Gramm Birnen, 20-mal 100 Gramm Bananen und 10-mal 100 Gramm Mandarinen. Diese Zuordnung führt zu einem linearen Gleichungssystem mit drei Gleichungen und drei Variablen. Wählt man als Mengeneinheit 100 Gramm und für die Birnen die Variable x, für die Bananen die Variable y und für die Mandarinen die Variable z, so erhält man drei lineare Gleichungen mit drei Variablen und folgender Zuordnung:

$$(I) \quad 0{,}4x + 1{,}2y + 0{,}9z = 13$$
$$(II) \quad 0{,}5x + 0{,}3y + 0{,}3z = 5{,}3$$
$$(III) \quad 14x + 20y + 10z = 216$$

Zur Lösung des linearen Gleichungssystems wird Gleichung (II) mit 2 multipliziert und nach der Variablen x aufgelöst. Durch das Einsetzverfahren schafft man aus drei Gleichungen mit drei Variablen zwei Gleichungen mit zwei Variablen.

$(II) \cdot 2: x + 0{,}6y + 0{,}6z = 10{,}6 \Leftrightarrow x = 10{,}6 - 0{,}6y - 0{,}6z$

$x = 10{,}6 - 0{,}6y - 0{,}6z$ in (I): $0{,}4(10{,}6 - 0{,}6y - 0{,}6z) + 1{,}2y + 0{,}9z = 13$ | ausmultiplizieren

$\qquad (I)' \qquad 4{,}24 - 0{,}24y - 0{,}24z + 1{,}2y + 0{,}9z = 13$ | ordnen

$\qquad (I)' \qquad\qquad\qquad 0{,}96y + 0{,}66z = 8{,}76$

$x = 10{,}6 - 0{,}6y - 0{,}6z$ in (III): $14(10{,}6 - 0{,}6y - 0{,}6z) + 20y + 10z = 216$ | ausmultiplizieren

$\qquad (III)' \qquad 148{,}4 - 8{,}4y - 8{,}4z + 20y + 10z = 216$ | ordnen

$\qquad (III)' \qquad\qquad\qquad 11{,}6y + 1{,}6z = 67{,}6$

Mithilfe des Einsetzverfahrens ist aus drei Gleichungen mit drei Variablen ein Gleichungssystem mit zwei Gleichungen und zwei Variablen entstanden, das nun mit dem Additionsverfahren gelöst wird.

$(I)' \qquad\quad 0{,}96y + 0{,}66z = 8{,}76 \qquad | \cdot (-1{,}6)$
$(III)' \qquad\quad 11{,}6y + 1{,}6z = 67{,}6 \qquad | \cdot 0{,}66$
$(I)'' \qquad -1{,}536y - 1{,}056z = -14{,}016$
$(III)'' \quad 7{,}656y + 1{,}056z = 44{,}616$

Gleichung (I)″ + (III)″: $6{,}12y = 30{,}6$ $| : 6{,}12$
                              $y = 5$
$y = 5$ in (I)′: $0{,}96 \cdot 5 + 0{,}66z = 8{,}76$ $|$ ordnen
                      $0{,}66z = 3{,}96$ $| : 0{,}66$
                              $z = 6$
$y = 5$ und $z = 6$ in $x = 10{,}6 - 0{,}6y - 0{,}6z$:
          $x = 10{,}6 - 0{,}6 \cdot 5 - 0{,}6 \cdot 6 = 10{,}6 - 3 - 3{,}6$
          $x = 4$

Die Probe mit $x = 4$, $y = 5$ und $z = 6$ ergibt eine wahre Aussage, somit gilt $L = \{(4\,|\,5\,|\,6)\}$.
Die Lösung besagt, dass man für die Herstellung des Obstsalates für sechs Personen nach Rezept 400 Gramm Birnen, 500 Gramm Bananen und 600 Gramm Mandarinen benötigt.

Aufgaben zu 3.4 und 3.5

1.   In der Sendung wurde folgendes Beispiel einer linearen Gleichung mit drei Gleichungen und drei Unbekannten gezeigt. Lösen Sie das lineare Gleichungssystem mit dem Gauß-Verfahren.

(I) $2x - 2y + z - 2 = 0$
(II) $x - 4y + 2z = -2$
(III) $-2x + 2y = 2$

2.   3 kg Äpfel und 4 kg Birnen kosten zusammen 15,40 €. 5 kg Äpfel und 3 kg Birnen kosten zusammen 16,50 €. Wie viel kostet jeweils 1 kg Äpfel bzw. 1 kg Birnen?

3.   Ein 2000 Liter fassendes Wasserbassin hat zwei Zuflüsse und einen Abfluss. Sind beide Zuflüsse offen und der Abfluss geschlossen, wird das Bassin in 20 Minuten gefüllt. Sind der erste Zufluss und der Abfluss offen, dauert es 100 Minuten, bis das Wasser den oberen Rand des Bassins erreicht. Sind beide Zuflüsse und der Abfluss offen, dauert es 25 Minuten bis zur vollständigen Füllung.
Wie viele Liter Wasser pro Minute fließen durch die Zuflüsse jeweils zu bzw. durch den Abfluss ab?

Wiederholungsaufgaben

1. Durch die Punkte P(3|1) und Q(−2|4) ist das Schaubild einer Geraden festgelegt. Geben Sie die Funktionsgleichung für diese Gerade an.

2. Durch die Punkte P(2|3), Q(1|1) und R(−1|9) verläuft eine Parabel mit der Funktionsgleichung $y = ax^2 + bx + c$.
Berechnen Sie die Variablen a, b und c und geben Sie die Funktionsgleichung der Parabel an.

3. Lösen Sie die linearen Gleichungssysteme mit dem Gauß-Verfahren.

a) (I) $4x - 2y = -2$
   (II) $2x - 3y = 3$

b) (I) $2x - 5y = 9$
   (II) $3x + y = 5$

4. Lösen Sie die Gleichungssysteme mit einem Verfahren Ihrer Wahl.

a) (I) $-x + 4y + 2z = 1$
   (II) $3x - 2y + 3z = -2$
   (III) $2x + 3y - z = 6$

b) (I) $x + y - 2z = 3$
   (II) $2x - y - z = 1$
   (III) $x - 2y + z = 1$

c) (I) $x + 4y = -3$
   (II) $x + 3z = 4$
   (III) $2y + 5z = 3$

d) (I) $2x + 5y + 2z = -4$
   (II) $-2x + 4y - 5z = -20$
   (III) $3x - 6y + 5z = 10$

5. Bestimmen Sie m und t so, dass die Gerade mit der Gleichung $y = mx + t$ durch die Punkte $P_1(-3|2)$ und $P_2(7|-2)$ geht.

6. Ein Hundertmeterläufer benötigt für seine Strecke bei Rückenwind 10,8 Sekunden, bei Gegenwind 11,2 Sekunden. Wie groß ist die Geschwindigkeit des Läufers bei Windstille und die Windgeschwindigkeit. Beide Geschwindigkeiten werden als Durchschnittsgeschwindigkeit angenommen.

7. Mischt man 3 Liter einer Methylalkoholmischung mit 5 Litern einer verdünnten Alkoholmischung, so erhält man 50%igen Methylalkohol. Mischt man 3 Litern der ursprünglichen Alkoholmischung 7 Liter der zweiten Mischung hinzu, so erhält man eine 47%ige Mischung. Wie viel % Methylalkohol enthielt die ursprüngliche Mischung?

8. Ein Schwarzfahrer ist aus der U-Bahn gestiegen und will über die Rolltreppe, die sich mit der konstanten Geschwindigkeit v_R nach oben bewegt, nach oben fahren. Da es der Schwarzfahrer eilig hat, bleibt er nicht auf der Treppe stehen, sondern geht mit der konstanten Geschwindigkeit v_S nach oben und zählt dabei 50 Stufen.
Als er oben die Treppe verlassen will, sieht er am Ausgang des U-Bahnbereichs Kontrolleure stehen, die von den ankommenden Fahrgästen die Fahrscheine kontrollieren. Sofort kehrt der Schwarzfahrer wieder um und geht mit konstanter Geschwindigkeit v_S die nach oben fahrende Treppe nach unten. Als er unten die Treppe wieder verlässt, hat er 200 Stufen gezählt.
Wie viele Stufen besitzt die Rolltreppe von unten bis oben?

3

4.   Quadratische Gleichungen

Vor der Sendung

Die Lektionen 1 bis 3 befassten sich mit linearen Gleichungen und linearen Funktionen. In den Lektionen 4 bis 6 werden Sie nicht nur quadratische Gleichungen und quadratische Funktionen, sondern auch Lösungsmöglichkeiten für quadratische Gleichungen und Schaubilder quadratischer Funktionsgleichungen kennenlernen.

Übersicht

In Abschnitt 4.1 wird der Themenbereich **Quadratwurzel** behandelt. Es werden Quadratwurzeln sowohl aus Zahlen als auch aus Variablen gezogen. Des Weiteren wird auf die Rechengesetze beim
– Radizieren in einer Strichrechnung,
– Radizieren eines Produkts,
– beim Radizieren von Brüchen und
– beim Rationalmachen des Nenners
eingegangen.

In Abschnitt 4.2 werden **reinquadratische Gleichungen** der Form $ax^2 + c = 0$ behandelt.

Gemischtquadratische Gleichungen ohne Absolutglied der Form $ax^2 + bx = 0$ sind der Themenbereich in Abschnitt 4.3. Die Lösung dieser Gleichungen erfolgt durch die Anwendung des Satzes vom Nullprodukt.

In Abschnitt 4.4 werden die Lösungsmöglichkeiten **gemischtquadratischer Gleichungen mit Absolutglied** der Form $ax^2 + bx + c = 0$ behandelt.
Sie werden die Lösungsmöglichkeiten
– der quadratischen Ergänzung,

– der Lösungsformel $x_{1,2} = \dfrac{-b \pm \sqrt{b^2 - 4ac}}{2a}$

– und der Lösungsformel $x_{1,2} = \dfrac{-p \pm \sqrt{p^2 - 4q}}{2}$
kennenlernen.
Auf die Bedeutung der Diskriminante $D = b^2 - 4ac$ und die Folgerung auf die Anzahl der Lösungen wird eingegangen.

Zum Schluss wird in diesem umfangreichen Kapitel das Lösen **gemischtquadratischer Gleichungen mit Parametern** aufgezeigt und ein Lösungsschema vorgestellt.

4.1   Quadratwurzeln

In Kapitel 3.1 Beispiel 2 lernten Sie einen Term kennen, in dem nicht nur ein lineares Glied, sondern auch ein quadratisches Glied mit der Potenz (Hochzahl) 2 vorkam. Für das Lösen solcher Terme müssen andere Gesetzmäßigkeiten herangezogen werden als für das Lösen linearer Gleichungen.

Quadratische Gleichung:

$$y = \underbrace{-\frac{1}{20}x^2}_{\substack{\text{Quadratisches}\\\text{Glied}}} + \underbrace{\frac{5}{4}x}_{\substack{\text{Lineares}\\\text{Glied}}}$$

Beispiel:

In der Sendung zu diesem Kapitel wurde eine Zahl gesucht, die mit sich selbst multipliziert den Zahlenwert 4 ergibt. Durch Probieren kommt man schnell auf die Lösung 2, denn $2 \cdot 2$ ergibt den Zahlenwert 4. Aber auch die Zahl –2 liefert eine korrekte Lösung, denn Sie wissen aus dem Vorkurs, dass $(-2) \cdot (-2)$ ebenfalls den Wert 4 ergibt.

Nimmt man jedoch als gesuchten Wert z. B. die Zahl 7, so ist man mit dem Probieren sehr schnell in einer Sackgasse angelangt und ist gezwungen, die Lösung mathematisch anzugehen. Wir bezeichnen die gesuchte Zahl, die mit sich selbst multipliziert werden soll, als x und kommen somit zu folgender Gleichung: $x \cdot x = 7$

Die Potenzschreibweise des Terms $x \cdot x$ lautet x^2, somit folgt daraus die quadratische Gleichung:

$$x^2 = 7$$

$$2 \cdot 2 = 4$$
$$(-2) \cdot (-2) = 4$$
$$x \cdot x = 7$$
$$x^2 = 7$$
$$\sqrt{x^2} = \sqrt{7}$$
$$|x| = \sqrt{7}$$
$$x = \pm\sqrt{7}$$
$$x_1 = -\sqrt{7}; \; x_2 = +\sqrt{7} = \sqrt{7}$$

Zur Lösung dieser Gleichung verwendet man die „Umkehrung" des Quadrierens, dieses Vorgehen bezeichnet man als „Wurzelziehen" (Quadratwurzel).

$$\begin{aligned} x^2 &= 7 \qquad | \sqrt{\;} \\ \sqrt{x^2} &= \sqrt{7} \\ |x| &= \sqrt{7} \\ x &= \pm\sqrt{7} \end{aligned}$$

Die **positive Lösung** dieser Gleichung + nennt man **Quadratwurzel** aus 7, die Berechnung mit dem Taschenrechner (Funktionstaste $\sqrt{\;}$) liefert den Näherungswert $\sqrt{7} \approx 2{,}6457513$.

Radizieren $\leftrightarrow$ Quadrieren

Da Radizieren (Wurzelziehen) und Quadrieren zueinander eine Umkehrung sind, hat dies zur Folge, dass beide Rechenoperationen sich einander aufheben. So ist z. B.

$$\sqrt{7^2} = 7 \text{ und } \left(\sqrt{7}\right)^2 = 7.$$

Vorsicht ist allerdings bei negativen Zahlen geboten, denn z. B. ist

$$\sqrt{(-7)^2} = \sqrt{49} = +7.$$

Das heißt, man erhält statt der ursprünglichen Zahl –7 die positive Zahl +7, also die Gegenzahl, zurück.

Die negative Lösung hat den Näherungswert $-\sqrt{7} \approx -2{,}6457513$.

Da keine eindeutige Lösung existiert, nummeriert man die möglichen Lösungen mit einem Index:

$$x_1 = -\sqrt{7}; \; x_2 = +\sqrt{7} = \sqrt{7}$$

Beispiel 1:

$$x^2 = -1 \quad | \; \sqrt{}$$

$$|x| = \sqrt{-1}$$

Die Gleichung ist unerfüllbar im Bereich der reellen Zahlen $\mathbb{R}$, weil das Quadrat jeder Zahl ≥ 0 ist.

Beispiel 2:

$$x^2 = 0 \quad | \; \sqrt{}$$

$$|x| = \sqrt{0} = 0$$

Die Gleichung hat genau eine Lösung, nämlich $x = 0$.

Radizieren und Strichrechnung

Wurzeln mit gleichen Radikanden können addiert bzw. subtrahiert werden.

Es gibt aber keine Möglichkeit, Wurzeln mit unterschiedlichen Radikanden (etwa zu einer Wurzel) zusammenzufassen.

Beispiel 1:

$$\sqrt{3} + 2\sqrt{3} = 3\sqrt{3}$$

Hier kann die Summe gebildet werden, da der Radikand gleich ist.

Beispiel 2:

$$5\sqrt{3} - 2\sqrt{3} + \sqrt{5} = 3\sqrt{3} + \sqrt{5}$$

Hier können nur die Terme mit dem gleichen Radikanden zusammengefasst werden.

Beispiel 3:

$$\sqrt{3} + \sqrt{5} + \sqrt{7} = \sqrt{3} + \sqrt{5} + \sqrt{7}$$

Diesen Term kann man nicht weiter zusammenfassen.

Für eine reelle Zahl a ist

$$\sqrt{a^2} = |a| = \begin{cases} a & \text{für } a \geq 0 \\ -a & \text{für } a < 0 \end{cases}.$$

Mit $\sqrt{a}$ wird eine Zahl bezeichnet, deren Quadrat a ist.

Es ist zu beachten,

- **dass $\sqrt{a}$ für negative a im Bereich der reellen Zahlen nicht zulässig ist,**
- **dass unter $\sqrt{a}$ für positive a stets die positive Lösung der Gleichung $x^2 = a$ verstanden wird,**
- **dass $\sqrt{0} = 0$ ist, denn es gilt $0^2 = 0 \cdot 0 = 0$.**

Für den Ausdruck **Quadratwurzel** wird häufig das Kürzel **Wurzel** benutzt. Das Berechnen von Wurzeln nennt man auch **Wurzelziehen** oder **Radizieren**. Die Zahl oder der Term, aus dem die Wurzel gezogen werden soll, heißt **Radikand**.

Es gilt:

$$\sqrt{a} + \sqrt{b} \neq \sqrt{a + b} \quad (a > 0; \, b > 0)$$

Zahlenbeispiel:

$$\sqrt{2} = \sqrt{1 + 1} = \sqrt{1} + \sqrt{1} = 1 + 1 = 2$$

Dies ist keine wahre Aussage, da $\sqrt{2} \neq 2$.

Es gilt:

$$u \cdot \sqrt{a} \pm v \cdot \sqrt{a} = (u \pm v) \cdot \sqrt{a}$$

Es gilt:

$$u \cdot \sqrt{a} \pm v \cdot \sqrt{a} \pm \sqrt{b} = (u \pm v) \cdot \sqrt{a} \pm \sqrt{b}$$

Es gilt:

$$u \cdot \sqrt{a} \pm v \cdot \sqrt{b} = u \cdot \sqrt{a} \pm v \cdot \sqrt{b}$$

Radizieren eines Produkts

Ein Produkt kann quadriert werden, in dem jeder Faktor einzeln quadriert wird:

$(a \cdot b)^2 = (a \cdot b) \cdot (a \cdot b) = a \cdot a \cdot b \cdot b = a^2 \cdot b^2$,

für alle reellen Zahlen a, b.

Darum lässt sich umgekehrt auch die Wurzel aus einem Produkt in den Faktoren einzeln ziehen.

Oft kann man den Radikanden in ein Produkt aus einer Quadratzahl und einer Zahl zerlegen, sodass sich der Wurzelterm vereinfacht, weil ein kleinerer Radikand entsteht („teilweises Wurzelziehen").

Beispiel 1:
$\sqrt{32} = \sqrt{16 \cdot 2} = \sqrt{16} \cdot \sqrt{2} = 4 \cdot \sqrt{2} = 4\sqrt{2}$

Beispiel 2:
Hier ergibt sich die eigentlich nicht vorhandene Möglichkeit des Zusammenfassens von Summen und Differenzen bei Wuzeltermen.
$\sqrt{63} - \sqrt{28} =$
$\sqrt{9} \cdot \sqrt{7} - \sqrt{4} \cdot \sqrt{7} = 3\sqrt{7} - 2\sqrt{7} = \sqrt{7}$

Gelegentlich ist es nützlich, ein Produkt von Wurzeln zu einer Wurzel zusammenzufassen.

Beispiel 3:
$\sqrt{3} \cdot \sqrt{12} = \sqrt{3 \cdot 12} = \sqrt{36} = 6$

Radizieren von Brüchen

Ein Bruchterm kann quadriert werden, indem Zähler und Nenner jeweils für sich quadriert werden. Umgekehrt können auch Wurzeln aus Zähler und Nenner getrennt gezogen werden.

Beispiel:
$\left(\dfrac{3}{4}\right)^2 = \dfrac{3^2}{4^2} = \dfrac{9}{16} \Leftrightarrow \sqrt{\dfrac{9}{16}} = \dfrac{\sqrt{9}}{\sqrt{16}} = \dfrac{3}{4}$

Für alle Zahlen a ≥ 0, b ≥ 0 gilt:
$$\sqrt{a \cdot b} = \sqrt{a} \cdot \sqrt{b}$$

Das heißt: Die Wurzel aus einem Produkt ist gleich der Wurzel aus den Faktoren.

Für alle Zahlen a ≥ 0 gilt:
$$\sqrt{a^3} = \sqrt{a^2} \cdot \sqrt{a} = a \cdot \sqrt{a} = a\sqrt{a}$$

Für alle Zahlen a, b, c ≥ 0 gilt:
$$\sqrt{a^3bc^2} = \sqrt{a^2} \cdot \sqrt{c^2} \cdot \sqrt{ab} = ac\sqrt{ab}$$

Für alle Zahlen a ≥ 0, b ≥ 0 gilt:
$$\sqrt{a} \cdot \sqrt{b} = \sqrt{a \cdot b}$$

4

Für alle Zahlen a ≥ 0 gilt:
$$(\sqrt{a})^2 = (\sqrt{a}) \cdot (\sqrt{a}) =$$
$$\left(a^{\frac{1}{2}}\right) \cdot \left(a^{\frac{1}{2}}\right) = \left(a^{\frac{1}{2}+\frac{1}{2}}\right) = a^1 = a$$

Für alle Zahlen a ≥ 0, b > 0 gilt:
$$\left(\dfrac{a}{b}\right)^2 = \dfrac{a^2}{b^2} \Leftrightarrow \sqrt{\dfrac{a}{b}} = \dfrac{\sqrt{a}}{\sqrt{b}}$$

Die Wurzel aus einem Quotienten ist gleich dem Quotienten der Wurzeln aus Zähler und Nenner.

Rationalmachen des Nenners

Enthält der Quotient eines Bruchterms eine Wurzel im Nenner, so kann durch Erweitern mit dieser Wurzel der Nenner wurzelfrei gemacht werden. Man sagt der Nenner wird „rational" gemacht.
Diese Form wird manchmal in Endergebnissen angestrebt.

Für alle Zahlen $a \in \mathbb{R}$ und $b > 0$ gilt:

$$\frac{a}{\sqrt{b}} = \frac{a}{\sqrt{b}} \cdot \frac{\sqrt{b}}{\sqrt{b}} = \frac{a \cdot \sqrt{b}}{\sqrt{b} \cdot \sqrt{b}} = \frac{a \cdot \sqrt{b}}{b} = \frac{a}{b} \cdot \sqrt{b}$$

Das heißt: Durch die Erweiterung mit dem Wurzelwert des Nenners „verschwindet" die Wurzel im Nenner und der Bruchterm wird rational.

Beispiel 1:

$$\frac{1}{\sqrt{2}} = \frac{1}{\sqrt{2}} \cdot \frac{\sqrt{2}}{\sqrt{2}} = \frac{\sqrt{2}}{\sqrt{2} \cdot \sqrt{2}} = \frac{\sqrt{2}}{2} = \frac{1}{2} \cdot \sqrt{2}$$

Beispiel 2:

$$\frac{\sqrt{3}}{\sqrt{12}} = \frac{\sqrt{3}}{\sqrt{12}} \cdot \frac{\sqrt{12}}{\sqrt{12}} = \frac{\sqrt{3 \cdot 12}}{\sqrt{12} \cdot \sqrt{12}} = \frac{6}{12} = \frac{1}{2}$$

Nenner von Bruchtermen können auch rational gemacht werden, wenn sie Summen von Wurzeln enthalten. Dabei wird der Nenner so erweitert, dass die Situation der dritten binomischen Formel entsteht.

3. Binom: $(a + b) \cdot (a - b) = a^2 - b^2$

$$\frac{c}{\sqrt{a} + \sqrt{b}} = \frac{c}{(\sqrt{a} + \sqrt{b})} \cdot \frac{(\sqrt{a} - \sqrt{b})}{(\sqrt{a} - \sqrt{b})} =$$

$$\frac{c \cdot (\sqrt{a} - \sqrt{b})}{(\sqrt{a} + \sqrt{b}) \cdot (\sqrt{a} - \sqrt{b})} = \frac{c(\sqrt{a} - \sqrt{b})}{(\sqrt{a})^2 - (\sqrt{b})^2} =$$

$$\frac{c(\sqrt{a} - \sqrt{b})}{a - b} = \frac{c}{a - b}(\sqrt{a} - \sqrt{b})$$

Beispiel 3:

$$\frac{1}{\sqrt{3} + \sqrt{2}} = \frac{1}{(\sqrt{3} + \sqrt{2})} \cdot \frac{(\sqrt{3} - \sqrt{2})}{(\sqrt{3} - \sqrt{2})} =$$

$$\frac{1 \cdot (\sqrt{3} - \sqrt{2})}{(\sqrt{3} + \sqrt{2}) \cdot (\sqrt{3} - \sqrt{2})} = \frac{(\sqrt{3} - \sqrt{2})}{3 - 2} =$$

$$\frac{(\sqrt{3} - \sqrt{2})}{1} = \sqrt{3} - \sqrt{2}$$

$$\frac{c}{\sqrt{a} - \sqrt{b}} = \frac{c}{(\sqrt{a} - \sqrt{b})} \cdot \frac{(\sqrt{a} + \sqrt{b})}{(\sqrt{a} + \sqrt{b})} =$$

$$\frac{c \cdot (\sqrt{a} + \sqrt{b})}{(\sqrt{a} - \sqrt{b}) \cdot (\sqrt{a} + \sqrt{b})} = \frac{c(\sqrt{a} + \sqrt{b})}{(\sqrt{a})^2 - (\sqrt{b})^2} =$$

$$\frac{c(\sqrt{a} + \sqrt{b})}{a - b} = \frac{c}{a - b}(\sqrt{a} + \sqrt{b})$$

Aufgaben zu 4.1

1. Lösen Sie folgende quadratische Gleichungen (soweit dies möglich ist):
   a) $x^2 = 256$ b) $x^2 = 4$ c) $x^2 = -4$ d) $a^2 = 4 + 12$ e) $a^2 - 16 = 0$

2. Berechnen Sie folgende Wurzeln, sofern sie nicht irrational sind:
   a) $\sqrt{324}$ b) $\sqrt{15\,876}$ c) $\sqrt{0{,}25}$ d) $\sqrt{6 + 10}$ e) $\sqrt{(-3)^2}$

3. Vereinfachen Sie und fassen Sie soweit wie möglich zusammen.
   a) $\sqrt{28} + \sqrt{63}$ b) $\sqrt{3} \cdot \sqrt{6}$ c) $\sqrt{\dfrac{64}{169}}$ d) $\dfrac{3a}{\sqrt{3b}}$ e) $\dfrac{2}{\sqrt{5} - 1}$

4.2 Reinquadratische Gleichungen

Eine reinquadratische Gleichung liegt vor, wenn der Term nur ein quadratisches Glied und ein absolutes Glied hat.

Reinquadratische Gleichung:

$$\underbrace{ax^2}_{\substack{\text{Quadratisches} \\ \text{Glied}}} + \underbrace{c}_{\substack{\text{Absolutes} \\ \text{Glied}}} = 0; \, a, c \in \mathbb{R} \wedge a \neq 0$$

Rechnerisches Lösen reinquadratischer Gleichungen

Das Lösen reinquadratischer Gleichungen ist im Wesentlichen nichts anderes als Wurzelziehen, es müssen jedoch die zwei Möglichkeiten des Vorzeichens bei der Lösung berücksichtigt werden.

Beispiel 1:

Als Wiederholung noch einmal die Gleichung aus der Fernsehsendung:

$$
\begin{aligned}
-2x^2 + 18 &= 0 &&| -18 \\
-2x^2 &= -18 &&| : (-2) \\
x^2 &= 9 &&| \sqrt{} \\
|x| &= \sqrt{9} = 3 \\
x &= \pm 3 \Rightarrow L = \{-3; 3\}
\end{aligned}
$$

Es gibt also zwei Lösungen $x_1 = -3$ bzw. $x_2 = 3$, die beim Einsetzen in die Gleichung $-2x^2 + 18 = 0$ eine wahre Aussage ergeben.

Beispiel 2:

Bei einem Sprung vom Zehnmeterbrett ins Wasser gilt für die Geschwindigkeit v die physikalische Gesetzmäßigkeit:

$$
\begin{aligned}
v^2 &= 2 \cdot g \cdot h &&| \sqrt{} \\
v &= \pm\sqrt{2 \cdot g \cdot h}
\end{aligned}
$$

h ist die Sprunghöhe (in Meter) und g die Fallbeschleunigung ($g = 9{,}81 \, \text{m} \cdot \text{s}^{-2}$). Hier kann die Lösung $v = -\sqrt{2 \cdot g \cdot h}$ ausgeschlossen werden, da keine negative Geschwindigkeit existiert. Somit ergibt sich:

$$v = \sqrt{2 \cdot 9{,}81 \tfrac{m}{s^2} \cdot 10 \, \text{m}} = 14 \tfrac{m}{s}$$

Rechnerisches Lösen

$$
\begin{aligned}
ax^2 + c &= 0 &&| -c \\
ax^2 &= -c &&| : a \\
x^2 &= -\frac{c}{a} &&| \sqrt{} \text{ falls } -\frac{c}{a} \geq 0 \\
|x| &= \sqrt{-\frac{c}{a}}
\end{aligned}
$$

$$x = \pm\sqrt{-\frac{c}{a}} \Rightarrow \begin{cases} x_1 = +\sqrt{-\frac{c}{a}} \\ x_2 = -\sqrt{-\frac{c}{a}} \end{cases}$$

Reinquadratische Gleichungen in der Physik (beschleunigte Bewegung)

$$
\begin{aligned}
\text{(I)} \quad & h = \frac{1}{2} \cdot g \cdot t^2 \\
\text{(II)} \quad & v = g \cdot t &&| \text{quadrieren} \\
\text{(II)}' \quad & v^2 = g^2 \cdot t^2
\end{aligned}
$$

$$
\text{aus (I):} \quad t^2 = \frac{2h}{g} \text{ in (II)}'
$$

$$v^2 = g^2 \cdot \frac{2 \cdot h}{g} = 2 \cdot g \cdot h \quad | \sqrt{}$$

$$v = \pm\sqrt{2 \cdot g \cdot h}$$

4

Aufgaben zu 4.2

Lösen Sie die Formeln jeweils nach r auf:

a) $V = \dfrac{\pi \cdot h \cdot r^2}{3}$;

b) $F = \gamma \cdot \dfrac{m_1 \cdot m_2}{r^2}$;

c) $4r^2 = (a - b)^2$

4.3 Gemischtquadratische Gleichungen ohne Absolutglied

Eine gemischtquadratische Gleichung ohne Absolutglied liegt vor, wenn der Term aus einem quadratischen Glied und einem linearen Glied besteht.

Gemischtquadratische Gleichung:

$$\underbrace{ax^2}_{\substack{\text{Quadratisches}\\\text{Glied}}} + \underbrace{bx}_{\substack{\text{Lineares}\\\text{Glied}}} = 0; \, a, b \in \mathbb{R}\backslash\{0\}$$

Rechnerisches Lösen gemischtquadratischer Gleichungen ohne Absolutglied

Das Lösen gemischtquadratischer Gleichungen ohne Absolutglied kann durch Ausklammern des „x-Wertes" und der Anwendung des Satzes vom Nullprodukt geschehen.

Beispiel 1:

$$3x^2 + 6x = 0 \quad | \text{ „x" ausklammern}$$
$$x \cdot (3x + 6) = 0 \quad | \text{ Satz vom Nullprodukt}$$
$$x_1 = 0 \text{ oder } 3x + 6 = 0$$
$$3x + 6 = 0 \quad | -6$$
$$3x = -6 \quad | : 3$$
$$x_2 = -\frac{6}{3} = -2$$
$$\Rightarrow L = \{0; -2\}$$

Beispiel 2:

In Kapitel 3.1 wird in Beispiel 2 ein parabelförmiger Brückenbogen mit der gemischtquadratischen Funktionsgleichung

$$f(x) = y = -\frac{1}{20}x^2 + \frac{5}{4}x$$

beschrieben. Dabei werden mit den y-Werten die Höhenmaße des Brückenbogens dargestellt. Wird $y = f(x) = 0$ gesetzt, so können die Stellen berechnet werden, an denen der Bogen auf dem Fundament steht.

$$0 = -\frac{1}{20}x^2 + \frac{5}{4}x \quad | \text{ „x" ausklammern}$$

$$0 = x \cdot \left(-\frac{1}{20}x + \frac{5}{4}\right) | \text{ Satz vom Nullprodukt}$$

$$\Rightarrow x_1 = 0 \lor -\frac{1}{20}x + \frac{5}{4} = 0 \Rightarrow x_2 = 25$$

Die Fundamente des Brückenbogens sind 25 Meter voneinander entfernt.

Rechnerisches Lösen gemischtquadratischer Gleichungen ohne Absolutglied

Lösungsschema:

1. Eine Gleichungsseite muss gleich null sein

2. „x" ausklammern

3. Satz vom Nullprodukt anwenden

Satz vom Nullprodukt:
Ein Produkt ist immer null, wenn ein Faktor null ist.

Beispiel:

$$ax^2 + bx = 0 \quad | \text{ „x" ausklammern}$$
$$x \cdot (ax + b) = 0 \quad | \text{ Satz vom Nullprodukt}$$
$$\underbrace{x}_{=0} \cdot \underbrace{(ax + b)}_{=0} = 0$$

$$\Rightarrow x_1 = 0;$$
$$ax + b = 0$$
$$\Rightarrow x_2 = -\frac{b}{a};$$

$$L = \left\{0; -\frac{b}{a}\right\}$$

Aufgaben zu 4.3

Lösen Sie folgende gemischtquadratische Gleichungen ohne Absolutglied:

a) $-\frac{1}{2}x^2 + 4x = 0$ b) $x^2 - \frac{x}{6} = 0$

c) $-2x^2 + bx = 0$ d) $x^2 = 2x$

4.4 Gemischtquadratische Gleichungen mit Absolutglied

Eine gemischtquadratische Gleichung mit Absolutglied liegt vor, wenn der Term aus einem quadratischen Glied, einem linearen Glied und einem Glied ohne „x" vorliegt, das als absolutes Glied bezeichnet wird.

Rechnerisches Lösen gemischtquadratischer Gleichungen mit Absolutglied

Das Lösen gemischtquadratischer Gleichungen mit Absolutglied ist nicht so einfach wie das Lösen reinquadratischer Gleichungen mittels Wurzelziehen bzw. das Lösen gemischtquadratischer Gleichungen ohne Absolutglied, das mittels Ausklammern eines x-Wertes und der Anwendung des Satzes vom Nullprodukt erfolgte.

Beispiel 1:

Ersetzt man in der reinquadratischen Gleichung $x^2 = 9$ die Variable x durch den Term x + 1, so erhält man die Gleichung $(x + 1)^2 = 9$. Am Lösungsverfahren dieser Gleichung ändert sich nichts, sie wird durch Wurzelziehen gelöst.

$$(x + 1)^2 = 9 \qquad | \sqrt{}$$
$$\sqrt{(x + 1)^2} = \sqrt{9}$$
$$|x + 1| = 3$$
$$x + 1 = \pm 3 \qquad | -1$$
$$x_1 = -3 - 1 = -4$$
$$x_2 = +3 - 1 = 2$$
$$\Rightarrow L = \{-4; 2\}$$

Probe:
$x_1 = -4$: $(-4 + 1)^2 = (-3)^2 = 9$ (wahr)
$x_2 = 2$: $(2 + 1)^2 = 3^2 = 9$ (wahr)

Wird der Term $(x + 1)^2$ aufgelöst (1. Binom), so hat obige Gleichung folgendes Aussehen:
$$x^2 + 2x + 1 = 9$$

Werden die Konstanten zusammengefasst, so entsteht folgende Gleichung:
$$x^2 + 2x = 8$$

Gemischtquadratische Gleichung mit Absolutglied:

$$\underset{\substack{\text{Quadratisches}\\\text{Glied}}}{\mathbf{ax^2}} + \underset{\substack{\text{Lineares}\\\text{Glied}}}{\mathbf{bx}} = \underset{\substack{\text{Absolutes}\\\text{Glied}}}{\mathbf{c}}$$

$$\mathbf{a, b, c \in \mathbb{R} \setminus \{0\}}$$

Rechnerisches Lösen gemischtquadratischer Gleichungen mit Absolutglied

Eine gemischtquadratische Gleichung der Form
$$ax^2 + bx = c$$
wird mithilfe der quadratischen Ergänzung
$+\left(\dfrac{b}{2}\right)^2$ in eine reinquadratische Gleichung
$$\left(x + \frac{b}{2}\right)^2 = c + \left(\frac{b}{2}\right)^2$$
umgeformt. Diese Gleichung wird anschließend mittels Wurzelziehen gelöst – vorausgesetzt, die rechte Gleichungsseite
$c + \left(\dfrac{b}{2}\right)^2$ ist positiv. Ist die rechte Gleichungsseite negativ (< 0), so ist die Gleichung in $\mathbb{R}$ nicht lösbar.

Beispiel:

$$x^2 + 2x = 8 \qquad \left| + \left(\frac{2}{2}\right)^2 \right.$$
$$x^2 + 2x + \left(\frac{2}{2}\right)^2 = 8 + \left(\frac{2}{2}\right)^2$$
$$x^2 + 2x + 1 = 8 + 1$$
$$\underbrace{x^2 + 2x + 1}_{\text{1. Binom}} = 9$$
$$(x + 1)^2 = 9 \qquad | \sqrt{}$$
$$|x + 1| = 3$$

$$x + 1 > 0$$
$$x + 1 = 3 \Rightarrow x_1 = 2$$
$$x + 1 < 0$$
$$-(x + 1) = 3 \Rightarrow x_2 = -4$$

Allgemeine Form der gemischtquadratischen Gleichung: $ax^2 + bx + c = 0$

Formt man die gemischtquadratische Gleichung mit Absolutglied so um, dass auf einer Seite die Zahl Null steht, so wird diese Gleichung als Normalenform der gemischtquadratischen Gleichung bezeichnet.

Rechnerisches Lösen gemischtquadratischer Gleichungen in Allgemeinform

Eine gemischtquadratische Gleichung mit Absolutglied kann gelöst werden, wenn sie durch quadratische Ergänzung auf eine reinquadratische Gleichung zurückgeführt wird und dann durch Wurzelziehen die Lösungen ermittelt werden.

Beispiel:
Mit den Koeffizienten $a = 2$, $b = -6$ und $c = -20$ ergibt sich die Gleichung:
$2x^2 - 6x - 20 = 0$.
Die Lösung dieser Gleichung erfolgt mit der quadratischen Ergänzung.

1. Schritt: Der Koeffizient vor dem quadratischen Term muss die Zahl 1 sein
$2x^2 - 6x - 20 = 0 \qquad | : 2$
$x^2 - 3x - 10 = 0$

2. Schritt: Absolutglied -10 auf die rechte Seite
$x^2 - 3x - 10 = 0 \qquad | + 10$
$x^2 - 3x = 10$

3. Schritt: Quadratische Ergänzung
$x^2 - 3x = 10 \qquad | + \left(-\frac{3}{2}\right)^2$
$x^2 - 3x + \left(-\frac{3}{2}\right)^2 = 10 + \left(-\frac{3}{2}\right)^2$

4. Binom erstellen und ordnen
$(x - 1{,}5)^2 = 10 + 2{,}25 = 12{,}25 \qquad | \sqrt{\ }$

5. Wurzelziehen und Lösung angeben
$|x - 1{,}5| = \pm\sqrt{12{,}25} = \pm 3{,}5$
$x_1 = -3{,}5 + 1{,}5 = -2; \quad x_2 = 3{,}5 + 1{,}5 = 5$

Gemischtquadratische Gleichung mit Absolutglied:

$$\underbrace{ax^2}_{\substack{\text{Quadratisches} \\ \text{Glied}}} + \underbrace{bx}_{\substack{\text{Lineares} \\ \text{Glied}}} + \underbrace{c}_{\substack{\text{Absolutes} \\ \text{Glied}}} = 0$$

mit $a \in \mathbb{R}\setminus\{0\};\ b, c \in \mathbb{R}$

Rechnerisches Lösen gemischtquadratischer Gleichungen in Allgemeinform

Lösungsschema:

1. Gleichung durch a dividieren
$$ax^2 + bx + c = 0 \qquad | : a$$
$$\Rightarrow x^2 + \frac{b}{a}x + \frac{c}{a} = 0$$

2. Absolutglied subtrahieren
$$x^2 + \frac{b}{a}x + \frac{c}{a} = 0 \quad | -\frac{c}{a}$$
$$\Rightarrow x^2 + \frac{b}{a}x = -\frac{c}{a}$$

3. Quadratisch ergänzen
$$x^2 + \frac{b}{a}x = -\frac{c}{a} \quad | + \left(\frac{1}{2} \cdot \frac{b}{a}\right)^2$$
$$\Rightarrow x^2 + \frac{b}{a}x + \left(\frac{b}{2a}\right)^2 = -\frac{c}{a} + \left(\frac{b}{2a}\right)^2$$

4. Binom erstellen, rechte Seite ordnen
$$\left(x + \frac{b}{2a}\right)^2 = \frac{b^2}{4a^2} - \frac{c}{a}$$

5. Reinquadratische Gleichung durch Wurzelziehen lösen
$$\left(x + \frac{b}{2a}\right)^2 = \frac{b^2}{4a^2} - \frac{c}{a} \qquad | \sqrt{\ }$$
$$\Rightarrow \sqrt{\left(x + \frac{b}{2a}\right)^2} = \sqrt{\frac{b^2 - 4ac}{4a^2}}$$
$$\Rightarrow \left|x + \frac{b}{2a}\right| = \frac{\sqrt{b^2 - 4ac}}{2|a|}$$

Fallunterscheidung beachten

Eine weitere und zugleich elegantere Möglichkeit zum Lösen quadratischer Gleichungen der Form

$$ax^2 + bx + c = 0 \text{ mit } a, b, c \in \mathbb{R}, a \neq 0$$

ergibt sich mit der Lösungsformel:

$$x_{1,2} = \frac{-b \pm \sqrt{b^2 - 4ac}}{2a}$$

Dieses „Werkzeug" ist bei allen quadratischen Gleichungen, d.h. sowohl bei reinquadratischen als auch bei gemischtquadratischen ohne Absolutglied und besonders bei allgemeinquadratischen Gleichungen mit Absolutglied, anwendbar und in jeder Formelsammlung als Lösungsmöglichkeit für quadratische Gleichungen angegeben.

Für die Lösungsfindung sind folgende Schritte anzuwenden:
1. Eine Seite der quadratischen Gleichung muss gleich null sein.
2. Koeffizienten a, b und c aus der Gleichung notieren
3. Werte a, b und c in die Formel einsetzen
4. Lösung bestimmen

Beispiel 1:
$x^2 = 4$

1. Eine Seite muss gleich null sein
$$x^2 = 4 \qquad | -4$$
$$\Rightarrow x^2 - 4 = 0$$

2. Koeffizienten entnehmen
$$x^2 - 4 = 0 \Rightarrow \begin{cases} a = \ \ 1 \\ b = \ \ 0 \\ c = -4 \end{cases}$$

3. Werte in die Formel einsetzen
$$x_{1,2} = \frac{-0 \pm \sqrt{0^2 - 4 \cdot 1 \cdot (-4)}}{2 \cdot 1}$$
$$= \frac{0 \pm \sqrt{16}}{2} = \frac{\pm 4}{2}$$

4. Lösung bestimmen
$$x_1 = \frac{-4}{2} = -2; \quad x_2 = \frac{4}{2} = 2; \quad L = \{-2; 2\}$$

Herleitung der Lösungsformel:

$$ax^2 + bx + c = 0$$
$$\Rightarrow \ \left| x + \frac{b}{2a} \right| = \frac{\sqrt{b^2 - 4ac}}{2|a|} \left.\right\} \text{ s. vorherige Seite}$$

Zum Auflösen der Beträge sind Fallunterscheidungen zu treffen:

1. Fall: $x + \frac{b}{2a} \geq 0 \wedge a > 0$

$$x + \frac{b}{2a} = \frac{\sqrt{b^2 - 4ac}}{2a} \Rightarrow x_1 = -\frac{b}{2a} + \frac{\sqrt{b^2 - 4ac}}{2a}$$

2. Fall: $x + \frac{b}{2a} < 0 \wedge a > 0$

$$-\left(x - \frac{b}{2a} \right) = \frac{\sqrt{b^2 - 4ac}}{2a} \qquad | \cdot (-1)$$

$$\Rightarrow x_2 = -\frac{b}{2a} - \frac{\sqrt{b^2 - 4ac}}{2a}$$

3. Fall: $x + \frac{b}{2a} \geq 0 \wedge a < 0$

$$x + \frac{b}{2a} = \frac{\sqrt{b^2 - 4ac}}{2a} \Rightarrow x_3 = -\frac{b}{2a} - \frac{\sqrt{b^2 - 4ac}}{2a}$$

4. Fall: $x + \frac{b}{2a} < 0 \wedge a < 0$

$$-\left(x + \frac{b}{2a} \right) = \frac{\sqrt{b^2 - 4ac}}{-2a} \qquad | \cdot (-1)$$

$$\Rightarrow x_4 = -\frac{b}{2a} + \frac{\sqrt{b^2 - 4ac}}{2a}$$

Es existieren nur zwei unterschiedliche Lösungen für x, denn $x_1 = x_4$ und $x_2 = x_3$. Fasst man x_1 und x_2 zu einer Formel zusammen, so gilt:

$$x_{1,2} = \frac{-b \pm \sqrt{b^2 - 4ac}}{2a}$$

4

Beispiel 2:

$x^2 = 2x$

1. Eine Seite muss gleich null sein

$$x^2 = 2x \qquad | -2x$$
$$\Rightarrow x^2 - 2x = 0$$

2. Koeffizienten entnehmen

$$x^2 - 2x = 0 \Rightarrow \begin{cases} a = 1 \\ b = -2 \\ c = 0 \end{cases}$$

3. Werte in die Formel einsetzen

$$x_{1,2} = \frac{-(-2) \pm \sqrt{(-2)^2 - 4 \cdot 1 \cdot 0}}{2 \cdot 1}$$
$$= \frac{2 \pm \sqrt{4}}{2} = \frac{2 \pm 2}{2}$$

4. Lösung bestimmen

$$x_1 = \frac{2-2}{2} = \frac{0}{2} = 0; \quad x_2 = \frac{2+2}{2} = \frac{4}{2} = 2$$
$$L = \{0; 2\}$$

Beispiel 3:

$2x^2 - 6x - 20 = 0$

1. Eine Seite muss gleich null sein

$$2x^2 - 6x - 20 = 0 \qquad | \text{ bereits gegeben}$$

2. Koeffizienten entnehmen

$$2x^2 - 6x - 20 = 0$$

$$2x^2 - 6x - 20 = 0 \Rightarrow \begin{cases} a = 2 \\ b = -6 \\ c = -20 \end{cases}$$

3. Werte in die Formel einsetzen

$$x_{1,2} = \frac{-(-6) \pm \sqrt{(-6)^2 - 4 \cdot 2 \cdot (-20)}}{2 \cdot 2}$$
$$= \frac{6 \pm \sqrt{36 - (-160)}}{4} = \frac{6 \pm \sqrt{196}}{4} = \frac{6 \pm 14}{4}$$

4. Lösung bestimmen

$$x_1 = \frac{6-14}{4} = \frac{-8}{4} = -2$$
$$x_2 = \frac{6+14}{4} = \frac{20}{4} = 5$$
$$L = \{-2; 5\}$$

Beispiel 4:

$-x^2 + 3x = -2x + 4$

1. Eine Seite muss gleich null sein

$$-x^2 + 3x = -2x + 4 \qquad | +2x - 4$$
$$\Rightarrow \ -x^2 + 5x - 4 = 0$$

2. Koeffizienten entnehmen

$$-x^2 + 5x - 4 = 0 \Rightarrow \begin{cases} a = -1 \\ b = 5 \\ c = -4 \end{cases}$$

3. Werte in die Formel einsetzen

$$x_{1,2} = \frac{-5 \pm \sqrt{5^2 - 4 \cdot (-1) \cdot (-4)}}{2 \cdot (-1)}$$
$$= \frac{-5 \pm \sqrt{25 - 16}}{-2} = \frac{-5 \pm \sqrt{9}}{-2} = \frac{-5 \pm 3}{-2}$$

4. Lösung bestimmen

$$x_1 = \frac{-5+3}{-2} = \frac{-2}{-2} = 1; \quad x_2 = \frac{-5-3}{-2} = \frac{-8}{-2} = 4$$
$$L = \{1; 4\}$$

Beispiel 5:

$4x^2 - 8x + 4 = 0$

1. Eine Seite muss gleich null sein

$$4x^2 - 8x + 4 = 0 \qquad | \text{ bereits gegeben}$$

2. Koeffizienten entnehmen

$$4x^2 - 8x + 4 = 0 \Rightarrow \begin{cases} a = 4 \\ b = -8 \\ c = 4 \end{cases}$$

3. Werte in die Formel einsetzen

$$x_{1,2} = \frac{-(-8) \pm \sqrt{(-8)^2 - 4 \cdot 4 \cdot 4}}{2 \cdot 4}$$
$$= \frac{8 \pm \sqrt{64 - 64}}{8} = \frac{8 \pm \sqrt{0}}{8} = \frac{8 \pm 0}{8}$$

4. Lösung bestimmen

$$x_1 = \frac{8-0}{8} = \frac{8}{8} = 1$$
$$x_2 = \frac{8+0}{8} = \frac{8}{8} = 1$$
$$x_1 = x_2 = 1$$
$$L = \{1\}$$

Beispiel 6:

$x^2 - 2x = -2$

1. Eine Seite muss gleich null sein

   $x^2 - 2x = -2 \qquad | + 2$

   $\Rightarrow x^2 - 2x + 2 = 0$

2. Koeffizienten entnehmen

   $x^2 - 2x + 2 = 0 \Rightarrow \begin{cases} a = & 1 \\ b = & -2 \\ c = & 2 \end{cases}$

3. Werte in die Formel einsetzen

   $$x_{1,2} = \frac{-(-2) \pm \sqrt{(-2)^2 - 4 \cdot 1 \cdot 2}}{2 \cdot 1}$$

   $$= \frac{2 \pm \sqrt{4 - 8}}{2} = \frac{2 \pm \sqrt{-4}}{2}$$

4. Lösung bestimmen

   Keine Lösung für x, da $\sqrt{-4}$ nicht lösbar ist im Bereich der reellen Zahlen $\mathbb{R}$. Das heißt, die Lösung ist die leere Menge. $L = \{\,\}$

Anzahl der Lösungen bei quadratischen Gleichungen

Wie aus den Beispielen 4, 5 und 6 ersichtlich ist, können beim Lösen quadratischer Gleichung sowohl **zwei** Lösungen als auch **eine Lösung** oder **keine Lösung** auftreten. Dabei wurden die Lösungen der quadratischen Gleichung

$ax^2 + bx + c = 0$ mit a, b, c $\in \mathbb{R}$, a $\neq$ 0

mit der Lösungsformel

$$x_{1,2} = \frac{-b \pm \sqrt{b^2 - 4ac}}{2a} \text{ bestimmt.}$$

Der Term $b^2 - 4ac$, der in der Lösungsformel unter der Wurzel zu finden ist, wird als Diskriminante D (lat.: discriminare = unterscheiden) bezeichnet. Mithilfe der Diskriminante kann man ermitteln, wie viele Lösungen die quadratische Gleichung hat.

Quadratische Gleichung:

$ax^2 + bx + c = 0$ mit a, b, c $\in \mathbb{R}$, a $\neq$ 0

Lösungsformel:

$$x_{1,2} = \frac{-b \pm \sqrt{b^2 - 4ac}}{2a}$$

Diskriminante:

$D = b^2 - 4ac$

Für x $\in \mathbb{R}$ gilt:

$D = b^2 - 4ac > 0 \Rightarrow$ **zwei reelle Lösungen**

$D = b^2 - 4ac = 0 \Rightarrow$ **eine reelle Lösung**

$D = b^2 - 4ac < 0 \Rightarrow$ **keine reellen Lösungen**

Beispiel 1:

$x^2 - 3x - 10 = 0$

Koeffizienten entnehmen

$x^2 - 3x - 10 = 0 \Rightarrow \begin{cases} a = & 1 \\ b = & -3 \\ c = & -10 \end{cases}$

in Diskriminante D einsetzen

$D = (-3)^2 - 4 \cdot 1 \cdot (-10) = 9 + 40 = 49$ (positiv)

D > 0 $\Rightarrow$ zwei Lösungen für x $\in \mathbb{R}$

Beispiel 2:

$4x^2 - 8x + 4 = 0$

Koeffizienten entnehmen

$4x^2 - 8x + 4 = 0 \Rightarrow \begin{cases} a = & 4 \\ b = & -8 \\ c = & 4 \end{cases}$

in Diskriminante D einsetzen

$D = (-8)^2 - 4 \cdot 4 \cdot 4 = 64 - 64 = 0$

D = 0 $\Rightarrow$ eine Lösung für x $\in \mathbb{R}$

Beispiel 3:

$x^2 - 2x + 2 = 0$

Koeffizienten entnehmen

$x^2 - 2x + 2 = 0 \Rightarrow \begin{cases} a = & 1 \\ b = & -2 \\ c = & 2 \end{cases}$

in Diskriminante D einsetzen

$D = (-2)^2 - 4 \cdot 1 \cdot 2 = 4 - 8 = -4$ (negativ)

D < 0 $\Rightarrow$ keine Lösungen für x $\in \mathbb{R}$

4

Satz von Vieta

Sind x_1 und x_2 Lösungen der gemischt-quadratischen Gleichung $ax^2 + bx + c = 0$, so gilt:

$$x_1 = -\frac{b}{2a} + \frac{\sqrt{b^2 - 4ac}}{2a}$$

$$x_2 = -\frac{b}{2a} - \frac{\sqrt{b^2 - 4ac}}{2a}$$

Bildet man die Summe bzw. das Produkt der Lösungen, so lassen sich einige nützliche Folgerungen ziehen.

$$x_1 + x_2 = -\frac{b}{2a} + \frac{\sqrt{b^2 - 4ac}}{2a} - \frac{b}{2a} - \frac{\sqrt{b^2 - 4ac}}{2a}$$

$$= -\frac{b}{2a} - \frac{b}{2a} = -\frac{2b}{2a} = -\frac{b}{a}$$

$$x_1 \cdot x_2 = \underbrace{\left(\frac{-b}{2a} + \frac{\sqrt{b^2 - 4ac}}{2a}\right)\left(-\frac{b}{2a} - \frac{\sqrt{b^2 - 4ac}}{2a}\right)}_{\text{3. Binom}}$$

$$= \left(-\frac{b}{2a}\right)^2 - \left(\frac{\sqrt{b^2 - 4ac}}{2a}\right)^2$$

$$= \frac{b^2}{4a^2} - \frac{b^2 - 4ac}{4a^2} = \frac{b^2 - b^2 + 4ac}{4a^2} = \frac{c}{a}$$

Diese Ergebnisse fasst man (benannt nach einem Mathematiker des 16. Jahrhunderts) zusammen im **Satz von Vieta**:

Sind x_1 und x_2 Lösungen der quadratischen Gleichung $ax^2 + bx + c = 0$, so gilt:

I. $x_1 + x_2 = -\dfrac{b}{a}$

II. $x_1 \cdot x_2 = \dfrac{c}{a}$

Dabei ist $-\dfrac{b}{a}$ der negative Koeffizient des linearen Terms und $\dfrac{c}{a}$ der konstante Koeffizient der durch a dividierten quadratischen Gleichung $x^2 + \dfrac{b}{a}x + \dfrac{c}{a} = 0$.

Quadratische Gleichung:
$ax^2 + bx + c = 0$ mit a, b, c $\in \mathbb{R}$, $a \neq 0$

Gleichung durch a dividieren

$$ax^2 + bx + c = 0 \qquad | : a$$

$$x^2 + \frac{b}{a}x + \frac{c}{a} = 0$$

Satz von Vieta:

$$x_1 + x_2 = -\frac{b}{a}$$

$$x_1 \cdot x_2 = \frac{c}{a}$$

Mit dem Satz von Vieta kann man – in einfachen Fällen – die Lösung quadratischer Gleichungen durch gedankliches Probieren finden.

Beispiel:
$x^2 + 10x + 21 = 0$

I. $x_1 + x_2 = -10$
II. $x_1 \cdot x_2 = 21$

Produktzerlegung der Zahl 21:
$21 = 1 \cdot 21$ und $21 = 3 \cdot 7$
$21 = (-1) \cdot (-21)$ und $21 = (-3) \cdot (-7)$

Aus diesen Paaren von Faktoren wird nun die Kombination für die Summanden gesucht.

$$1 + 21 = 22 \neq -10$$
$$3 + 7 = 10 \neq -10$$
$$(-1) + (-21) = -22 \neq -10$$
$$(-3) + (-7) = -10 \text{ (wahr)}$$

Die Forderung, dass der lineare Term negativ ist und den Wert 10 hat, wird von -3 und -7 erfüllt. Das bedeutet:
$$x^2 + 10x + 21 = 0$$
$$\Rightarrow x_1 = -3; \ x_2 = -7$$

Lösungsformel für die Gleichung der Form $x^2 + px + q = 0$ mit a = 1; p, q ∈ ℝ

Ersetzt man in der quadratischen Gleichung

$$x^2 + \frac{b}{a}x + \frac{c}{a} = 0 \text{ mit a = 1; p, q ∈ ℝ}$$

den linearen Koeffizienten $\frac{b}{a}$ durch p und

den konstanten Koeffizienten $\frac{c}{a}$ durch q,

so erhält man eine quadratische Gleichung der Form $x^2 + px + q = 0$.

Damit eine Lösung dieser quadratischen Gleichung gefunden werden kann, wird wieder mit der quadratischen Ergänzung gearbeitet:

$$x^2 + px + q = 0 \qquad | - q$$

$$x^2 + px = -q \qquad \left| + \left(\frac{p}{2}\right)^2 \right.$$

$$x^2 + px + \left(\frac{p}{2}\right)^2 = -q + \left(\frac{p}{2}\right)^2$$

$$\underbrace{x^2 + px + \left(\frac{p}{2}\right)^2}_{\text{1. Binom bilden}} = \underbrace{-q + \left(\frac{p}{2}\right)^2}_{\text{ordnen}}$$

$$\left(x + \frac{p}{2}\right)^2 = -q + \frac{p^2}{4} \quad | \text{ Quotient bilden}$$

$$\left(x + \frac{p}{2}\right)^2 = \frac{p^2 - 4q}{4} \qquad | \sqrt{\ }$$

$$\sqrt{\left(x + \frac{p}{2}\right)^2} = \sqrt{\frac{p^2 - 4q}{4}} \qquad | \text{ ordnen}$$

$$\sqrt{\left(x + \frac{p}{2}\right)^2} = \pm \frac{\sqrt{p^2 - 4q}}{\sqrt{4}}$$

$$x + \frac{p}{2} = \pm \frac{\sqrt{p^2 - 4q}}{2} \quad \left| -\frac{p}{2} \right.$$

$$x_{1,2} = -\frac{p}{2} \pm \frac{\sqrt{p^2 - 4q}}{2} \quad | \text{ Fallunterscheidung}$$

$$\left. \begin{array}{l} x_1 = -\frac{p}{2} - \frac{\sqrt{p^2 - 4q}}{2} \\[2mm] x_2 = -\frac{p}{2} + \frac{\sqrt{p^2 - 4q}}{2} \end{array} \right\} \text{ falls } p^2 - 4q > 0$$

$$x_1 = x_2 = -\frac{p}{2}, \text{ falls } p^2 - 4q = 0$$

keine Lösung, falls $p^2 - 4q = 0 < 0$

Quadratische Gleichung:
$x^2 + px + q = 0$ mit a = 1; p, q ∈ ℝ

Lösungsformel:

$$x_{1,2} = \frac{-p \pm \sqrt{p^2 - 4q}}{2}$$

Diskriminante:
$D = p^2 - 4q$

Für x ∈ ℝ gilt:
$D = p^2 - 4q > 0 \Rightarrow$ **zwei reelle Lösungen**
$D = p^2 - 4q = 0 \Rightarrow$ **eine reelle Lösung**
$D = p^2 - 4q < 0 \Rightarrow$ **keine reellen Lösungen**

Für den Fall $D = p^2 - 4q = 0$ gilt:

$$x_1 = x_2 = -\frac{p}{2}$$

Beispiel 1:
$x^2 - 2x = 8$
1. Eine Seite muss gleich null sein
$$x^2 - 2x = 8 \qquad | - 8$$
$$\Rightarrow x^2 - 2x - 8 = 0$$

2. Koeffizienten entnehmen
$x^2 - 2x - 8 = 0 \Rightarrow p = -2; q = -8$

3. In Lösungsformel einsetzen

$$x_{1,2} = \frac{-(-2) \pm \sqrt{(-2)^2 - 4\,(-8)}}{2} = \frac{2 \pm \sqrt{36}}{2}$$

$$= \frac{2 \pm \sqrt{36}}{2} = \frac{2 \pm 6}{2} \Rightarrow \begin{cases} x_1 = \dfrac{2 - 6}{2} = -2 \\[2mm] x_2 = \dfrac{2 + 6}{2} = 4 \end{cases}$$

Beispiel 2:
$3x^2 - 6x - 24 = 0$
Der Quotient vor dem quadratischen Glied muss die Zahl Eins sein.

$$3x^2 - 6x - 24 = 0 \qquad | : 3$$
$$\Rightarrow x^2 - 2x - 8 = 0$$

Gleichung mit Lösungsformel lösen
⇒ Siehe Beispiel 1

4

Gemischtquadratische Gleichungen mit Parametern

Gemischtquadratische Gleichungen mit Parametern kommen häufig in Prüfungen vor. Auch diese Gleichungen können mit der Lösungsformel gelöst werden.

Beispiel 1:

$x^2 + 4x + a = 0$

Koeffizienten entnehmen

$$x^2 + 4x + a = 0 \Rightarrow \begin{cases} a = 1 \\ b = 4 \\ c = a \end{cases}$$

Werte in die Formel einsetzen

$$x_{1,2} = \frac{-4 \pm \sqrt{4^2 - 4 \cdot 1 \cdot a}}{2 \cdot 1} = \frac{-4 \pm \sqrt{16 - 4a}}{2}$$

Diskriminante untersuchen

zwei Lösungen $\Leftrightarrow 16 - 4a > 0 \Leftrightarrow a < 4$

eine Lösung $\quad \Leftrightarrow 16 - 4a = 0 \Leftrightarrow a = 4$

keine Lösung $\quad \Leftrightarrow 16 - 4a < 0 \Leftrightarrow a > 4$

Lösungen bestimmen

$$a < 4: \quad x_1 = \frac{-4 - \sqrt{16 - 4a}}{2}$$

$$x_2 = \frac{-4 + \sqrt{16 - 4a}}{2}$$

$$a = 4: \quad x_1 = x_2 = -2$$

Beispiel 2:

$x^2 + ax + 1 = 0$

Koeffizienten entnehmen

$$x^2 + ax + 1 = 0 \Rightarrow \begin{cases} a = 1 \\ b = a \\ c = 1 \end{cases}$$

Werte in die Formel einsetzen

$$x_{1,2} = \frac{-a \pm \sqrt{a^2 - 4 \cdot 1 \cdot 1}}{2 \cdot 1} = \frac{-a \pm \sqrt{a^2 - 4}}{2}$$

Diskriminante untersuchen

zwei Lösungen $\Leftrightarrow a^2 - 4 > 0 \Leftrightarrow |a| > 2$

eine Lösung $\quad \Leftrightarrow a^2 - 4 = 0 \Leftrightarrow |a| = 2$

keine Lösung $\quad \Leftrightarrow a^2 - 4 < 0 \Leftrightarrow |a| < 2$

Lösungen bestimmen

$$|a| > 2: \quad x_1 = \frac{-a - \sqrt{a^2 - 4}}{2}; \quad x_2 = \frac{-a + \sqrt{a^2 - 4}}{2}$$

$$|a| = 2: a = -2 \Rightarrow x_1 = 1$$
$$a = 2 \Rightarrow x_2 = -1$$

Quadratische Gleichungen mit Parameter

Lösungsschema
↓
Koeffizienten herausschreiben
↓
Koeffizienten in Lösungsformel einsetzen
↓
Diskriminante der Lösungsformel untersuchen
↓
Lösung in Abhängigkeit des Parameters bestimmen

Aufgaben zu Kapitel 4.4

1. Lösen Sie die gemischtquadratischen Gleichungen mit der Lösungsformel:
   a) $x^2 + x - 12 = 0$
   b) $x^2 - 17x = -72$
   c) $7x^2 - 15x + 2 = 0$
   d) $3x^2 - 2x + \frac{2}{3} = 0$

2. Geben Sie die Lösungen in Abhängigkeit des Parameters an:
   a) $x^2 + kx = k^2$ b) $ax^2 + x + 1 = 0$

Wiederholungsaufgaben

1. Geben Sie die Lösungen folgender Gleichungen an:
   a) $x^2 - 12 = 0$ b) $x^2 + 12 = 0$
   c) $x^2 - c = 0$ d) $x^2 + c = 0$

2. Lösen Sie die gemischtquadratischen Gleichungen:
   a) $x^2 + 4x = 0$ b) $8x^2 = \frac{11}{3}x + \frac{5}{2}$
   c) $\frac{2x + 6}{7x - 9} = \frac{3x - 1}{5x + 5}$
   d) $(2x - 1)(x + 2) = 0$

3. Geben Sie die Lösungen in Abhängigkeit des Parameters an:
   a) $x^2 - 3ax + 2a^2 = 0$
   b) $x + \frac{1}{x} - k = 0$

5. Quadratische Funktionen

Vor der Sendung

Die Lektion 5 befasst sich mit Funktionen und Funktionsgleichungen im Allgemeinen und mit quadratischen Funktionen im Speziellen.

Übersicht

1. Mathematische Zuordnungen werden als **Relationen** bezeichnet. Wird bei so einer Zuordnung einem Wert aus der Definitionsmenge genau ein Wert aus der Wertemenge zugeordnet, so wird diese Zuordnung als Funktion bezeichnet.

Funktionsbegriff: Eine Funktion ist eine Vorschrift, die jeder Zahl x der Definitionsmenge D genau eine Zahl y der Wertemenge W zuordnet. f: D → W

Schreibweise der Funktionsgleichung: y = f(x) oder x ↦ f(x)

2. Funktionen werden als Gleichungen dargestellt. Dabei wird eine Variable in Abhängigkeit zur zweiten Variable als Funktionsgleichung angegeben.
Funktionen werden mit Kleinbuchstaben (z. B. f, g, h, p) gekennzeichnet und bekommen einen Namen, dabei gibt die Potenz (Hochzahl) der Variablen den Namen an.

g: g(x) = m · x + t   ⇒ **Lineare Funktion**
f: f(x) = ax² + bx + c   ⇒ **Quadratische Funktion**

Die geordneten Wertepaare (x|f(x)) der Funktion f können als Punkte in ein kartesisches Koordinatensystem eingezeichnet werden. Die Gesamtheit all dieser Punkte wird als Graph bzw. Schaubild der Funktion bezeichnet.

3. **Quadratische Funktionsgleichungen** in allgemeiner Form setzen sich aus einem quadratischen Term, einem linearen Term und einer Konstante zusammen.

f: $\underset{\text{y-Wert}}{\underbrace{f(x)}}$ = $\underset{\substack{\text{Quadratisches} \\ \text{Glied}}}{\underbrace{ax^2}}$ + $\underset{\substack{\text{Lineares} \\ \text{Glied}}}{\underbrace{bx}}$ + $\underset{\substack{\text{Absolutes} \\ \text{Glied}}}{\underbrace{c}}$

Der **Graph** einer quadratischen Funktion hat ein charakteristisches Aussehen und wird als Parabel bezeichnet.

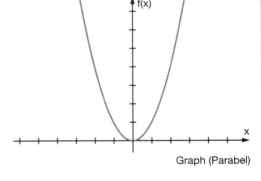

Graph (Parabel)

Ist die Funktionsgleichung einer quadratischen Funktion in der **Scheitelpunktform f: f(x) = a(x − x$_s$)² + y$_s$** gegeben oder in diese Form umgewandelt worden, so können aus dieser Darstellung die Koordinaten des Scheitelpunktes S(x$_s$|y$_s$) abgelesen werden.
Eine andere Möglichkeit, um die Koordinaten des Scheitelpunktes zu erhalten, besteht

darin, die Koordinaten mit den Formeln $x_s = -\dfrac{b}{2a}$ bzw. $y_s = c - \dfrac{b^2}{4a}$ zu berechnen. Für die

Scheitelpunktkoordinaten gilt dann: $S\left(-\dfrac{b}{2a}\middle|c - \dfrac{b^2}{4a}\right)$.

5.1   Funktionsbegriff

Funktionen treten sowohl im Alltagsleben als auch in der Physik und der Technik auf. An einem Beispiel soll der Zusammenhang verdeutlicht bzw. wieder ins Gedächtnis gerufen werden.

Beispiel:
Ein Autofahrer kommt bei der Fahrt auf der Autobahn an eine Baustelle, bei der eine Geschwindigkeitsbeschränkung von 60 km/h gilt. Er überlegt kurz: Wenn ich konstant die Geschwindigkeit von 60 km/h einhalte, so fahre ich in einer Stunde genau 60 Kilometer bzw. in einer Minute genau einen Kilometer, in zwei Minuten genau zwei Kilometer usw.
Dies bedeutet, dass der Autofahrer sowohl durch einen Blick auf die Uhr weiß, wie viele Kilometer er gefahren ist, bzw. durch einen Blick auf den Kilometerzähler berechnen kann, wie lange er schon durch die Baustelle fährt.

In einer Tabelle eingetragen, ergibt sich folgender Zusammenhang:

Zeit t (min)	1	2	3	4	5	6	7	...
Weg s (km)	1	2	3	4	5	6	7	...

Dieser Zusammenhang zwischen Zeit und Strecke kann in einem Koordinatensystem dargestellt werden (Bild 1). Es handelt sich hier um eine **Funktion der Zeit t**, die mit der Funktionsgleichung $s(t) = v \cdot t$ beschrieben werden kann.

In der Mathematik benutzen wir statt der Größen wie z. B. Zeit t und Strecke s Variable, die Zahlenwerte annehmen. Dabei verwenden wir für die unabhängige Variable (sie wird aus dem Definitionsbereich willkürlich gewählt) den Buchstaben x und für die abhängige Variable (sie hängt vom eingesetzten x-Wert ab) den Buchstaben y. Eine der **Funktionsschreibweisen** lautet dann: **y = f(x)**. Und mit entsprechender Zuordnung zum Beispiel: **f(x) = m · x** (Bild 2).

Funktionsbegriff:
Eine Funktion ist eine Vorschrift, die jeder Zahl x der Definitionsmenge D genau eine Zahl y der Wertemenge W zuordnet. f: D → W

Schreibweise der Funktionsgleichung:
$$y = f(x)$$
Dabei heißt x die unabhängige Variable, y die abhängige Variable.

Statt der Funktionsgleichung benutzt man auch die Darstellung der Funktion als Zuordnungsvorschrift in der Form:

$$x \mapsto f(x)$$

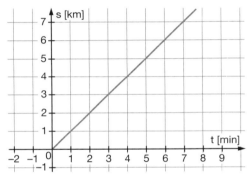
Bild 1: Strecke-Zeit-Schaubild

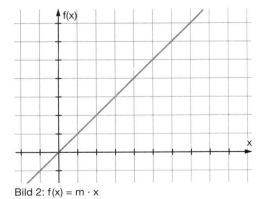
Bild 2: f(x) = m · x

5.2 Funktionsgleichungen

Funktionsgleichungen werden so dargestellt, dass die abhängige Variable f(x) auf der linken Seite des Gleichheitszeichens steht und die unabhängige Variable x auf der rechten Gleichungsseite.

Beispiel 1:
Bei der linearen Funktionsgleichung

$f: f(x) = \frac{2}{3}x - 2; \; x \in D_f$ und $D_f = \mathbb{R}$ gilt:

f: Name der Funktion
f(x): Funktionswert (y-Wert) der Funktion an der Stelle x
x: Unabhängige Variable aus der Definitionsmenge

Mit der Funktionsgleichung $f(x) = \frac{2}{3}x - 2$

können einige Wertepaare berechnet und in einer Wertetabelle dargestellt werden.

x	...	−3	0	3	6	...
f(x)	...	−4	−2	0	2	...

Eine Wertetabelle ist natürlich nie vollständig, denn es müsste zu jedem x-Wert aus der Definitionsmenge der dazugehörige Funktionswert f(x) bzw. y berechnet werden. In der Praxis verbindet man die berechneten Wertepaare zu einem ungefähren Bild des Graphen (Bild 1).

Beispiel 2:
Kommt in einer Funktionsgleichung die unabhängige Variable x in der zweiten Potenz vor, so bezeichnet man diese Funktion als eine Funktion zweiten Grades.
$f: f(x) = x^2$
Wertetabelle:

x	...	−2	−1	0	1	2	...
f(x)	...	4	1	0	1	4	...

Die Verbindung der Wertepaare ergibt den Graphen der Funktion f (Bild 2).

Lineare Funktion:
$f: f(x) = m \cdot x + t$
$f: y = m \cdot x + t$
$f: x \mapsto m \cdot x + t$

Quadratische Funktion:
$f: f(x) = ax^2 + bx + c$
$f: y = ax^2 + bx + c$
$f: x \mapsto ax^2 + bx + c$

Graph (Schaubild) der Funktion:
Die durch eine Funktion festgelegten, geordneten Wertepaare (x|f(x)) können als Punkte in ein kartesisches Koordinatensystem eingezeichnet werden. Die Gesamtheit all dieser Punkte heißt Graph bzw. Schaubild der Funktion.

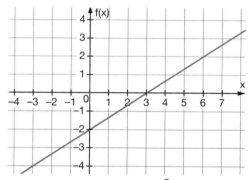

Bild 1: Graph der Funktion $f(x) = \frac{2}{3}x - 2$

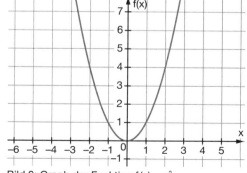

Bild 2: Graph der Funktion $f(x) = x^2$

Aufgabe zu 5.2

Zeichnen Sie die Graphen der linearen Funktionen f: f(x) = 0,5x − 2 und g: g(x) = −2x in ein kartesisches Koordinatensystem.

5.3 Quadratische Funktionen

Quadratische Funktionen sind dadurch gekennzeichnet, dass in ihrem Funktionsterm die unabhängige Variable x nicht nur linear, sondern zusätzlich in **zweiter Potenz (im Quadrat)** erscheint.

$$f(x) = ax^2 + bx + c; \ x \in \mathbb{R}$$

lautet allgemein die Gleichung einer solchen Funktion, wobei a, b und c reelle feste Zahlenwerte sind mit $a \neq 0$.

5.3.1 Gleichungen der Form $f(x) = ax^2$

Ist bei der Funktionsgleichung $f(x) = ax^2$ der Zahlenwert a = 1, so erhält man die einfachste Form der quadratischen Gleichung $f(x) = x^2$. Der Graph dieser Funktion wird als **Normalparabel** bezeichnet.

Beispiel 1:
Wertetabelle für die Gleichung $f(x) = x^2$ für $-1{,}5 \leq x \leq 1{,}5$

x	−1,5	−1	−0,5	0	0,5	1	1,5
f(x)	2,25	1	0,25	0	0,25	1	2,25

Die Verbindungen der Wertepaare bzw. Punkte in einem kartesischen Koordinatensystem ergeben den Graphen der Funktion f mit $f(x) = x^2$, der in Bild 1 zu sehen ist.

Folgende Eigenschaften dieser Funktion sind bemerkenswert:
- Die Funktionswerte sind nur positiv $(y \geq 0)$.
- Der Graph ist symmetrisch zur y-Achse, sodass gilt: $f(x) = f(-x)$.

Die beiden zueinander symmetrischen Hälften der Normalparabel nennt man Äste der Parabel. Den im Koordinatenursprung liegenden Schnittpunkt mit der Symmetrieachse bezeichnet man als Scheitelpunkt oder kurz als Scheitel, dessen y-Wert als Einziger nur einmal auftaucht, während alle anderen Ordinatenwerte zweimal vorkommen. In Bild 2 sind am Graphen der Normalparabel die charakteristischen Begriffe angegeben.

Allgemeine Form der quadratischen Funktionsgleichung:

$$f: \quad \underbrace{f(x)}_{\text{y-Wert}} = \underbrace{ax^2}_{\substack{\text{Quadratisches}\\\text{Glied}}} + \underbrace{bx}_{\substack{\text{Lineares}\\\text{Glied}}} + \underbrace{c}_{\substack{\text{Absolutes}\\\text{Glied}}}$$

Funktionsgleichung der Normalparabel für a = 1, b = 0 und c = 0:

$$f(x) = x^2$$

- $D_f = \mathbb{R}$
- $W_f = \{y \,|\, y \geq 0\}$
- **symmetrisch zur y-Achse**
- $f(x) = f(-x)$
- **Scheitel S (0|0)**

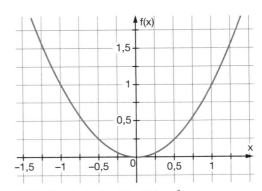

Bild 1: Graph der Funktion $f(x) = x^2$

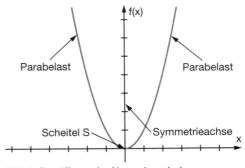

Bild 2: Begriffe an der Normalparabel

5.3.2 Gleichungen der Form $f(x) = ax^2$; $a \neq 1$

Als Parabeln werden auch die Graphen von Funktionen der Form $f(x) = ax^2$ bzw. $y = ax^2$ bezeichnet, für die der Koeffizient $a \neq 1$ ist. Die Auswirkung des Koeffizienten a auf den Graphen wird in den folgenden Beispielen erklärt.

Beispiel 1:
Gesucht sind die Graphen der Parabeln $f(x) = 0,5x^2$ und $f(x) = 2x^2$.

In einer Wertetabelle werden die Wertepaare notiert und dann die Punkte in einem Koordinatensystem eingetragen und miteinander verbunden (Bild 1). Zur Kontrolle wurde auch noch der Graph der Normalparabel gezeichnet.

x	−2	−1	0	1	2
$f(x) = 0,5x^2$	2	0,5	0	0,5	2
$f(x) = 2x^2$	8	2	0	2	8

Es ist festzustellen, dass alle Parabeln symmetrisch zur y-Achse sind und der Scheitel wie bei der Normalparabel im Ursprung liegt.

Beispiel 2:
Gesucht sind die Graphen der Parabeln $f(x) = -0,5x^2$ und $f(x) = -2x^2$.

x	−2	−1	0	1	2
$f(x) = -0,5x^2$	−2	−0,5	0	−0,5	−2
$f(x) = -2x^2$	−8	−2	0	−2	−8

In Bild 2 wird ersichtlich, dass alle Parabeln symmetrisch zur y-Achse sind und der Scheitel im Ursprung liegt. Wegen des negativen Vorzeichens sind die Parabeln nach unten geöffnet.

> **Quadratische Funktionsgleichung:**
> $$f(x) = ax^2 \text{ mit } a \neq 1$$
>
> **Im Vergleich zur Normalparabel gilt:**
> $|a| > 1$ ⇒ **Parabel ist gestreckt**
> $0 < |a| < 1$ ⇒ **Parabel ist gestaucht**
> $a > 0$ ⇒ **Parabel nach oben geöffnet**
> $a < 0$ ⇒ **Parabel nach unten geöffnet**

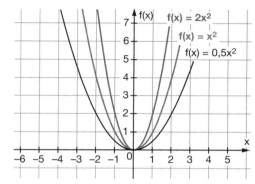

Bild 1: Parabeln mit a > 0

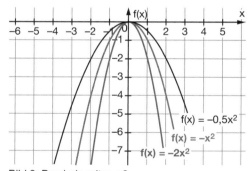

Bild 2: Parabeln mit a < 0

5

Aufgaben zu 5.3.2

Zeichnen Sie folgende Parabeln für $-3 \leq x \leq 3$:
a) $f(x) = 0,25x^2$ b) $f(x) = 1,5x^2$ c) $f(x) = -\dfrac{1}{8}x^2$

5.3.3 Verschiebung der Parabel auf der y-Achse

Betrachtet man die Geraden der Gleichungen $f(x) = mx$ und $f(x) = mx + t$, so gibt der Wert t die parallele Verschiebung der Geraden in y-Richtung an. Der Betrag und das Vorzeichen von t bestimmen dabei sowohl das Ausmaß als auch die Richtung der Verschiebung (Bild 1).
Diese Betrachtung gilt nicht nur für Graphen linearer Funktionen, sondern auch für Graphen quadratischer Funktionen.
Wird also zur Gleichung $f(x) = ax^2$ eine Konstante c addiert bzw. subtrahiert, so wird auch die Parabel in y-Richtung verschoben.

Beispiel:
Vergleichen Sie die Graphen der folgenden Funktionen:
$f(x) = x^2 + 3$
$f(x) = x^2$
$f(x) = x^2 - 2$

Die Funktionswerte werden in einer Wertetabelle berechnet und dann die Graphen der Gleichungen skizziert (Bild 2).

> **Quadratische Funktionsgleichung:**
> $$f(x) = ax^2 + c$$
>
> **Der Graph der Funktion mit der Gleichung $f(x) = ax^2 + c$ ist eine Parabel mit dem Scheitel $S(0\,|\,c)$. Dieser Graph geht aus der Parabel mit der Gleichung $f(x) = ax^2$ durch Verschiebung um c in y-Richtung hervor.**

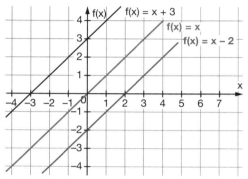

Bild 1: Geraden

x	−2	−1	0	1	2
$f(x) = x^2 + 3$	7	4	3	4	7
$f(x) = x^2$	4	1	0	1	4
$f(x) = x^2 - 2$	2	−1	−2	−1	2

Betrachtet man die Parabeln in Bild 2, so ist ersichtlich, dass der Graph der Parabel $f(x) = x^2 + 3$ eine um +3 in y-Richtung verschobene Normalparabel mit dem Scheitel $S(0\,|\,3)$ ist und der Graph von $f(x) = x^2 - 2$ eine um −2 in y-Richtung verschobene Normalparabel mit dem Scheitel $S(0\,|\,-2)$.

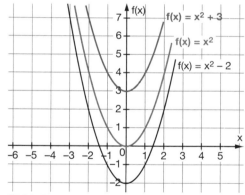

Bild 2: Parabeln

Der Wert c bei der Gleichung $f(x) = ax^2 + c$ verschiebt also die Parabel um den Wert c in y-Richtung, die Parabel hat den Scheitel $S(0\,|\,c)$.

Aufgaben zu 5.3.3

Zeichnen Sie folgende Parabeln und geben Sie den Scheitel an:
a) $f(x) = 0,5x^2 - 1$ b) $f(x) = -\frac{1}{4}x^2 + 2$

5.3.4 Verschiebung der Parabel auf der x-Achse

In diesem Kapitel soll die Frage geklärt werden, welche Funktionsgleichung Parabeln haben, wenn die Verschiebung auf der x-Achse erfolgt.

Beispiel 1:
Vergleichen Sie die Graphen der folgenden Funktionen:
$f(x) = x^2$
$f(x) = (x - 2)^2$
$f(x) = (x + 2)^2$

Die Funktionswerte werden berechnet und in eine Wertetabelle eingetragen, anschließend werden die Graphen der Gleichungen skizziert (Bild 1).

x	−2	−1	0	1	2
$f(x) = x^2$	4	1	0	1	4

x	0	1	2	3	4
$f(x) = (x - 2)^2$	4	1	0	1	4

x	−4	−3	−2	−1	0
$f(x) = (x + 2)^2$	4	1	0	1	4

Die Ergebnisse in der Wertetabelle und die Graphen in Bild 1 zeigen:

– Die Gleichung $f(x) = (x - 2)^2$ liefert eine zur Normalparabel $f(x) = x^2$ auf der x-Achse nach rechts verschobene Parabel.

– Die Gleichung $f(x) = (x + 2)^2$ liefert eine zur Normalparabel $f(x) = x^2$ auf der x-Achse nach links verschobene Parabel.

Weiterhin geht aus der Wertetabelle und den Graphen hervor, dass die Verschiebungsrichtung stets **entgegengesetzt zum Vorzeichen** des in der Klammer zu x hinzukommenden Summanden ist.

$$\left.\begin{array}{l} f(x) = (x - 2)^2 \Rightarrow S(2\,|\,0) \\ f(x) = (x + 2)^2 \Rightarrow S(-2\,|\,0) \end{array}\right\} \text{ Scheitel: } S(u\,|\,0)$$

Quadratische Funktionsgleichung:
$$f(x) = a(x - u)^2$$

Verschiebt man die Parabel mit der Funktionsgleichung $f(x) = ax^2$ um den Wert u in x-Richtung, so hat die verschobene Parabel die Funktionsgleichung $f(x) = a(x - u)^2$.
Es gilt:
$u < 0 \Rightarrow$ Verschiebung nach links
$u > 0 \Rightarrow$ Verschiebung nach rechts

Scheitel der Parabel: $S(u\,|\,0)$

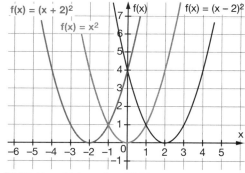

Bild 1: Verschiebung in x-Richtung

Beispiel 2:
Wird die Parabel $f(x) = -x^2$ um −4 (d.h. 4 nach links) in x-Richtung verschoben, lautet die neue Gleichung:
$f(x) = -(x - (-4))^2$ oder
$f(x) = -(x + 4)^2$
$\Rightarrow$ Scheitel der neuen Parabel: $S(-4\,|\,0)$

Aufgaben zu 5.3.4

1. Geben Sie die Scheitel folgender Parabeln an:
   a) $f(x) = \left(x + \dfrac{1}{2}\right)^2$ b) $f(x) = -\dfrac{1}{4}(x - 3)^2$

2. Die Parabel $f(x) = 2x^2$ wird um den Wert −1 auf der x-Achse verschoben. Geben Sie die Gleichung der neuen Parabel an.

5.3.5 Verschiebung der Parabel in x- und y- Richtung

Ausgehend von einer Parabel $f(x) = ax^2$ mit dem Scheitel $S(0|0)$ im Ursprung hat der Scheitel bei einer Verschiebung um die Wert c nur in y-Richtung die Koordinaten $S(0|c)$, und die Funktionsgleichung lautet $f(x) = ax^2 + c$.

Verschiebt man die Parabel $f(x) = ax^2$ mit dem Scheitel $S(0|0)$ aus dem Ursprung um den Wert u nur in x-Richtung, hat ihr Scheitel die Koordinaten $S(u|0)$, und die Gleichung dieser Parabel lautet $f(x) = a(x - u)^2$.

Kombiniert man nun die Verschiebungen der Parabel $f(x) = ax^2$ mit dem Scheitel $S(0|0)$, indem man die Parabel aus dem Ursprung in y-Richtung um den Wert c verschiebt und in x-Richtung um den Wert u, so hat der Scheitel die Koordinaten $S(u|c)$ und die Gleichung lautet $f(x) = a(x - u)^2 + c$.

Beispiel 1:
Wir betrachten als Erstes Parabelgleichungen mit $a = 1$.
Vergleichen Sie die Graphen der folgenden Funktionen:
$f(x) = (x + 2)^2 - 1$
$f(x) = x^2$
$f(x) = (x - 2)^2 + 1$

Aus dem vorherigen Abschnitt wissen Sie, dass im Vergleich zur Parabel $f(x) = x^2$ (Bild 1) mit dem Scheitel $S(0|0)$ bei der Parabel mit der Gleichung $f(x) = (x + 2)^2 - 1$ die y-Koordinate des Scheitels um 1 in negativer y-Richtung und die x-Koordinate des Scheitels um 2 in negativer x-Richtung verschoben wurde.
Es gilt: $f(x) = (x + 2)^2 - 1 \Rightarrow S(-2|-1)$

Bei der Parabel mit der Funktionsgleichung $f(x) = (x - 2)^2 + 1$ wurde die y-Koordinate des Scheitels um 1 in positiver y-Richtung und die x-Koordinate des Scheitels um 2 in positiver x-Richtung verschoben.
Es gilt: $f(x) = (x - 2)^2 + 1 \Rightarrow S(2|1)$

Quadratische Funktionsgleichung

Normalparabel: $f(x) = x^2 + bx + c$
Scheitelpunktform: $f(x) = (x - x_s)^2 + y_s$
Scheitel: $S(x_s|y_s)$
Scheitelkoordinaten:

$x_s = -\dfrac{b}{2}; \; y_s = c - \left(\dfrac{b}{2}\right)^2$

Scheitel: $S\left(-\dfrac{b}{2}\middle|c - \left(\dfrac{b}{2}\right)^2\right)$

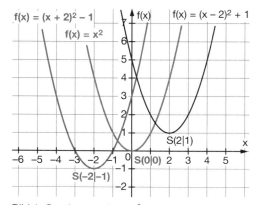

Bild 1: Graphen $y = (x - x_s)^2 + y_s$

Beispiel 2:
Löst man in der Gleichung $f(x) = (x - 2)^2 + 1$ das Binom auf, so erhält man Folgendes:
$f(x) = (x - 2)^2 + 1 = x^2 - 4x + 4 + 1$
$\quad\quad = x^2 - 4x + 5$

Das heißt, die Gleichung $f(x) = x^2 - 4x + 5$ muss auch den Scheitel $S(2|1)$ haben. Umgekehrt ist zu folgern, wenn eine Gleichung der allgemeinen Form $f(x) = x^2 + bx + c$ durch quadratische Ergänzung umgeformt wird, entsteht die Scheitelpunktform und der Scheitel kann abgelesen werden.

$f(x) = x^2 + bx + c = x^2 + bx + \left(\dfrac{b}{2}\right)^2 - \left(\dfrac{b}{2}\right)^2 + c$

$\quad = \underbrace{\left(x + \dfrac{b}{2}\right)^2 - \left(\dfrac{b}{2}\right)^2 + c}_{\text{Konstante}} \Rightarrow u = x_s = -\dfrac{b}{2};$

$v = y_s = c - \left(\dfrac{b}{2}\right)^2 \Rightarrow S\left(-\dfrac{b}{2}\middle|c - \left(\dfrac{b}{2}\right)^2\right)$

Als Nächstes betrachten wir Parabelgleichungen der allgemeinen Form

$f(x) = ax^2 + bx + c$ mit $a \neq 1$.

Die Theorie der Verschiebung für Parabeln mit $a \neq 1$ ist nicht anders wie die Verschiebung von Parabeln mit $a = 1$ (siehe Beispiel 1).

Beispiel 3:

Vergleichen Sie die Graphen der folgenden Funktionen:

$f(x) = \frac{1}{2}(x - 2)^2 + 1$ und $f(x) = x^2$

Aus dem vorherigen Abschnitt wissen Sie, dass im Vergleich zur Parabel $f(x) = x^2$ (Bild 1) mit dem Scheitel $S(0|0)$ bei der Parabel mit der Gleichung

$f(x) = \frac{1}{2}(x - 2)^2 + 1$ mit $a = \frac{1}{2}$

die y-Koordinate des Scheitels um 1 in positiver Richtung und die x-Koordinate des Scheitels um 2 in positiver x-Richtung

verschoben wurde. Der Koeffizient $a = \frac{1}{2}$

bewirkt gegenüber der Normalparabel nur eine Stauchung des Graphen.

Es gilt: $f(x) = \frac{1}{2}(x - 2)^2 + 1 \Rightarrow S(2|1)$

Der Koeffizient $a = \frac{1}{2}$ hat also auf die Verschiebung des Scheitels keinen Einfluss.

Ist die Funktionsgleichung einer quadratischen Gleichung in der Scheitelpunktform $f(x) = a(x - x_s)^2 + y_s$ gegeben, so bereitet es keine Probleme, die Scheitelpunktkoordinaten $S(x_s|y_s)$ abzulesen. Meistens sind jedoch die Funktionsgleichungen von Parabeln in der Allgemeinform $f(x) = ax^2 + bx + c$ gegeben, und aus dieser Darstellung können die Koordinaten des Scheitelpunktes nicht abgelesen werden. Deshalb muss die Allgemeinform der Funktionsgleichung in die Scheitelpunktform umgewandelt werden.

Wird die Gleichung der Scheitelpunktform

$f(x) = \frac{1}{2}(x - 2)^2 + 1$ umgeformt, so erhält

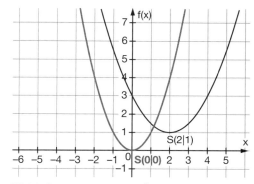

Bild 1: Graphen $y = a(x - x_s)^2 + y_s$

man die allgemeine Form der quadratischen Gleichung:

$f(x) = \frac{1}{2}(x^2 - 4x + 4) + 1 = \frac{1}{2}x^2 - 2x + 3$.

Dies bedeutet, dass die Gleichungen

$f(x) = \frac{1}{2}(x - 2)^2 + 1$ und $f(x) = \frac{1}{2}x^2 - 2x + 3$

dieselbe Parabel beschreiben.

Umgekehrt muss es möglich sein, aus der allgemeinen Form der Gleichung die Scheitelpunktform zu bilden, damit dann die Scheitelkoordinaten abgelesen werden können. Durch quadratische Ergänzung kann dies erreicht werden. Zunächst wird

der Koeffizient $a = \frac{1}{2}$ des quadratischen

Terms aus dem quadratischen und dem linearen Term ausgeklammert:

$f(x) = \frac{1}{2}[x^2 - 4x] + 3$

Dann ergänzt man die Klammer quadratisch:

$f(x) = \frac{1}{2}\left[x^2 - 4x + \left(\frac{4}{2}\right)^2 - \left(\frac{4}{2}\right)^2\right] + 3$

$f(x) = \frac{1}{2}[(x - 2)^2 - 4] + 3$

Die äußere Klammer wird aufgelöst und die Konstanten zusammengefasst:

$f(x) = \frac{1}{2}(x - 2)^2 + 1$

Die Scheitelpunktkoordinaten können abgelesen werden.

5

Um die Koordinaten des Scheitels zu ermitteln, wurde die Allgemeinform der quadratischen Gleichung durch die Anwendung der quadratischen Ergänzung in die Scheitelpunktform umgeformt. Es wäre von Vorteil, wenn es eine Formel für die Berechnung der Scheitelpunktkoordinaten gäbe.

Beispiel 4:

Damit man zu einer allgemeingütigen Aussage über die Scheitelpunktkoordinaten gelangt, wird aus der allgemeinen Form der quadratischen Gleichung
$f(x) = ax^2 + bx + c$ die Scheitelpunktform
$f(x) = a(x - x_s)^2 + y_s$ hergeleitet.
Ausgehend von der allgemeinen Form
$f(x) = ax^2 + bx + c$
wird aus dem quadratischen Term und dem linearen Term der Koeffizient a ausgeklammert:

$$f(x) = a\left[x^2 + \frac{b}{a}x\right] + c$$

Als Nächstes wird in der Klammer die quadratische Ergänzung durchgeführt:

$$f(x) = a\left[x^2 + \frac{b}{a}\,x + \left(\frac{b}{2a}\right)^2 - \left(\frac{b}{2a}\right)^2\right] + c$$

$$f(x) = a\left[\left(x + \frac{b}{2a}\right)^2 - \frac{b^2}{4a^2}\right] + c$$

Nun wird die eckige Klammer aufgelöst:

$$f(x) = a\left(x + \frac{b}{2a}\right)^2 + c - \frac{b^2}{4a}$$

Das ist die gesuchte Scheitelpunktform, aus der die Koordinaten des Scheitels $S(x_s|y_s)$ abgelesen werden können:

$$x_s = -\frac{b}{2a} \quad \text{und} \quad y_s = c - \frac{b^2}{4a}$$

$$\Rightarrow \textbf{Scheitel: } S\left(-\frac{b}{2a}\,\middle|\,c - \frac{b^2}{4a}\right)$$

Quadratische Funktionsgleichungen

Allgemeine Form: $f(x) = ax^2 + bx + c$
Scheitelpunktform: $f(x) = a(x - x_s)^2 + y_s$
Scheitel: $S\left(-\dfrac{b}{2a}\,\middle|\,c - \dfrac{b^2}{4a}\right)$

mit $x_s = -\dfrac{b}{2a}$ und $y_s = c - \dfrac{b^2}{4a}$

Mit der Formel für die Berechnung der Scheitelpunktkoordinaten können nun die Koordinaten des Scheitels bestimmt und die Scheitelpunktform angegeben werden.

Beispiel 5:

$$f(x) = \frac{1}{2}x^2 - 2x + 3$$

Als Erstes werden die Koeffizienten a, b und c notiert:

$$f(x) = \frac{1}{2}x^2 - 2x + 3 \Rightarrow \begin{cases} a = \dfrac{1}{2} \\ b = -2 \\ c = 3 \end{cases}$$

Als Nächstes werden die Zahlenwerte in die Formel eingesetzt und die Koordinaten berechnet:

$$x_s = -\frac{b}{2a} = -\frac{-2}{2 \cdot \frac{1}{2}} = \frac{2}{1} = 2$$

$$y_s = c - \frac{b^2}{4a} = 3 - \frac{(-2)^2}{4 \cdot \frac{1}{2}} = 3 - \frac{4}{2} = 3 - 2 = 1$$

$$\Rightarrow \text{Scheitel: } S(2|1)$$

Scheitelpunktform $f(x) = a(x - x_s)^2 + y_s$
$$\Rightarrow f(x) = \frac{1}{2}(x - 2)^2 + 1$$

Bei der Berechnung der Scheitelpunktkoordinaten genügt es eigentlich, nur die Koordinate x_s zu berechnen und diese dann in die Funktionsgleichung einzusetzen, um die Koordinate y_s zu erhalten.

Beispiel 6:
Berechung der Scheitelpunktkoordinaten der Funktionsgleichung $f(x) = -3x^2 + 4x - 2$ und Angabe der Scheitelpunktform

Als Erstes werden die Koeffizienten a, b und c notiert:

$$f(x) = -3x^2 + 4x - 2 \Rightarrow \begin{cases} a = -3 \\ b = 4 \\ c = -2 \end{cases}$$

Zahlenwerte in die Formel für x_s einsetzen und die Koordinate berechnen:

$$x_s = -\frac{b}{2a} = -\frac{4}{2 \cdot (-3)} = -\frac{4}{-6} = \frac{2}{3}$$

$x_s = \frac{2}{3}$ in Gleichung $f(x) = -3x^2 + 4x - 2$

einsetzen:

$$f(x_s) = y_s = f\left(\frac{2}{3}\right) = -3 \cdot \left(\frac{2}{3}\right)^2 + 4 \cdot \frac{2}{3} - 2 = -\frac{2}{3}$$

$\Rightarrow$ Scheitel: $S\left(\frac{2}{3} \middle| -\frac{2}{3}\right)$

Scheitelpunktform $f(x) = a(x - x_s)^2 + y_s$

$$\Rightarrow f(x) = -3\left(x - \frac{2}{3}\right)^2 - \frac{2}{3}$$

Aufgaben zu 5.3.5

1. Geben Sie die Koordinaten des Scheitels und die Scheitelpunktform folgender quadratischer Gleichungen an:

   a) $f(x) = \frac{1}{2}x^2 - x - 3,5$

   b) $f(x) = \frac{1}{2}x^2 - 6x + 20$

   c) $f(x) = -x^2 + x$

   d) $f(x) = \frac{x^2}{3} - \frac{x}{2}$

2. Geben Sie die Koordinaten des Scheitels der Gleichung $f_b(x) = \frac{1}{2}x^2 + bx + 2$ mit $b \in \mathbb{R}$ an.

Wiederholungsaufgaben

1. Bei welchen Graphen der Schaubilder a) bis d) handelt es sich um eine Funktion bzw. um eine Relation?

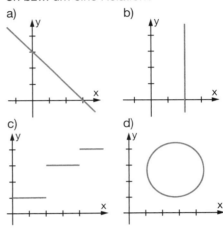

2. Überprüfen Sie, ob die Punkte $P(2|2)$; $Q(-1|6)$; $R(1|2,5)$ zur Parabel p: $p(x) = 0,5x^2 - 2x + 4$ gehören.

3. Ermitteln Sie die Koordinaten des Scheitelpunkts und geben Sie die Scheitelform an.

   a) $f(x) = -0,5x^2 + x + 0,5$

   b) $f(x) = -\frac{1}{3}x^2 - \frac{10}{3}x - \frac{13}{3}$

4. Geben Sie zu den Graphen den Scheitel, die Scheitelpunktform und die allgemeine Form der Funktionsgleichung an.

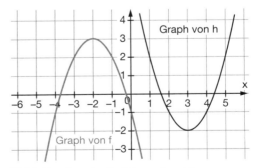

Bild 1: Graphen der Funktionen f und h.

6.   Anwendungen quadratischer Funktionen

Vor der Sendung

Die Lektion 6 befasst sich mit den Anwendungen quadratischer Funktionen. Zur Lösung solcher Aufgaben benötigt man eine Funktionsgleichung, die den sachlichen Zusammenhang des Problems wiedergibt.

Übersicht

1. Beim Betrachten der Graphen von quadratischen Funktionen sind einige charakteristische Punkte von besonderer Bedeutung. Der wichtigste und interessanteste Punkt einer Parabel ist der **Scheitelpunkt** $S(x_s | y_s)$. Er legt fest, ob der Ordinatenwert y_s der kleinste Wert (Minimum) oder der größte Wert (Maximum) des Graphen der Funktion ist.
Weitere markante Punkte einer Parabel sind die **Schnittstellen des Graphen mit der x-Achse** (Nullstellen der Funktion).

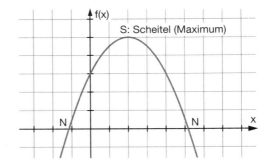

2. Bei geometrischen Zusammenhängen sowie bei Gesetzmäßigkeiten in der Physik oder Technik treten häufig quadratische Funktionen auf. Das Schaubild einer solchen Funktion ist eine Parabel. Als Erstes werden **Funktionen der Form $f(x) = a \cdot x^2$** betrachtet.

3. Die Funktionsgleichung $O(r) = 2\pi r^2 + 4\pi r$ beschreibt die Oberfläche eines zylindrischen Körpers. Der Graph dieser Funktion ist eine **Parabel der Form $f(x) = ax^2 + bx$**.
Der Brückenbogen über einen Fluss wird auch mit der Gleichung $f(x) = ax^2 + bx$ beschrieben. Bei diesem Beispiel gibt der Scheitel den höchsten Punkt der Parabel an und die Nullstellen die Spannweite der Brückenauflage.

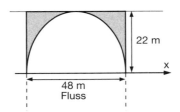

4. **Gleichungen der Form $f(x) = ax^2 + bx + c$** beschreiben z. B. die Flugbahn eines Gegenstandes, der von einer bestimmten Höhe h_0 mit einer Anfangsgeschwindigkeit v_0 abgeworfen wird.

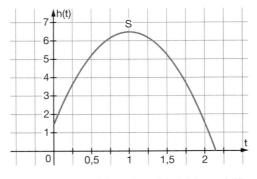

5. Bei anwendungsbezogenen Aufgaben entstehen oft Gleichungen, die von zwei Variablen abhängen. Deshalb ist es notwendig, durch **eine Nebenbedingung**, die zum Sachverhalt gehört, eine der Variablen zu eliminieren, damit man eine Gleichung mit nur einer unabhängigen Variablen erhält.

6.1 Besondere Punkte quadratischer Funktionen

Beim Betrachten der Graphen von quadratischen Funktionen sind einige charakteristische Punkte von besonderer Bedeutung. Der wichtigste und interessanteste Punkt einer Parabel ist der Scheitelpunkt $S(x_s|y_s)$. Dieser Punkt stellt, abhängig vom Koeffizienten a (bei x^2), entweder den größten Funktionswert oder den kleinsten Funktionswert des Graphen dar. Ist der Koeffizient $a > 0$ (positiv), so ist die Parabel nach oben geöffnet und der y-Wert des Scheitels ist der kleinste Wert (Minimum) der Parabel (Bild 1). Ist der Koeffizient $a < 0$ (negativ), so ist die Parabel nach unten geöffnet und der y-Wert des Scheitels ist der größte Wert (Maximum) der Parabel (Bild 2).

> **Markante Punkte quadratischer Funktionen $f(x) = ax^2 + bx + c$:**
>
> **Scheitelpunkt $S(x_s|y_s)$:**
> - **$a > 0$: $y_s = f(x_s)$ ist der kleinste Funktionswert (Minimum).**
> - **$a < 0$: $y_s = f(x_s)$ ist der größte Funktionswert (Maximum).**
>
> **Schnittpunkt N mit der x-Achse:**
> $$f(x) = y = 0$$
> **Schnittpunkte mit der x-Achse werden auch als Nullstellen bezeichnet.**

Beispiel 1:
Gegeben sei die quadratische Funktion f mit $f(x) = -x^2 + 2x + 3$. Der Graph der Funktion f wird mit G_f bezeichnet. Zu bestimmen ist der Scheitelpunkt S der Parabel und die Schnittpunkte des Graphen mit der x-Achse.

Aus Lektion 5 wissen Sie, dass die Koordinaten des Scheitelpunktes x_s und y_s mit Formeln berechnet werden können. Dazu sind die Koeffizienten a, b und c aus der Funktionsgleichung zu bestimmen.

$$f(x) = -x^2 + 2x + 3 \Rightarrow \begin{cases} a = -1 \\ b = 2 \\ c = 3 \end{cases}$$

Als Nächstes werden die Zahlenwerte in die Formeln eingesetzt und die Koordinaten berechnet:

$$x_s = -\frac{b}{2a} = -\frac{2}{2(-1)} = -\frac{2}{-2} = 1$$

$$y_s = c - \frac{b^2}{4a} = 3 - \frac{(2)^2}{4 \cdot (-1)} = 3 - \frac{4}{-4} = 3 + 1 = 4$$

$\Rightarrow$ Scheitel: $S(1|4)$

Die y-Koordinate des Scheitels könnte auch durch Einsetzen von $x_s = 1$ in die Funktionsgleichung berechnet werden:

$$y_s = f(x_s) = f(1) = -(1)^2 + 2 \cdot 1 + 3 = 4$$

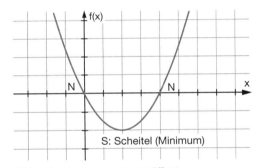

Bild 1: Parabel nach oben geöffnet

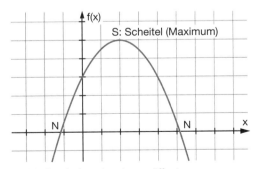

Bild 2: Parabel nach unten geöffnet

6

Ebenfalls wissen Sie aus Lektion 4, dass die Koordinaten der Schnittpunkte mit der x-Achse (Nullstellen) mit der Formel zur Berechnung von Nullstellen quadratischer Gleichungen berechnet werden können. Die Koeffizienten a = −1, b = 2 und c = 3 sind in die Formel einzusetzen:

$$x_{1,2} = \frac{-b \pm \sqrt{b^2 - 4ac}}{2a} = \frac{-2 \pm \sqrt{2^2 - 4 \cdot (-1) \cdot 3}}{2\,(-1)}$$

$$= \frac{-2 \pm \sqrt{4 + 12}}{-2} = \frac{-2 \pm \sqrt{16}}{-2} = \frac{-2 \pm 4}{-2}$$

$$x_1 = \frac{-2 + 4}{-2} = \frac{2}{-2} = -1 \Rightarrow N\,(-1\,|\,0);$$

$$x_2 = \frac{-2 - 4}{-2} = \frac{-6}{-2} = 3 \Rightarrow N\,(3\,|\,0);$$

Der Graph G_f der Funktion f ist in Bild 1 zu sehen.

Beispiel 2:
Vom Graphen G_p der quadratischen Funktion p mit $p\,(x) = \frac{1}{4}x^2 - x + 2$ ist der Scheitel S zu bestimmen und G_p auf Nullstellen zu untersuchen.
Für die Berechnungen sind die Koeffizienten a, b und c aus der Funktionsgleichung zu bestimmen.

$$p\,(x) = \frac{1}{4}x^2 - x + 2 \Rightarrow \begin{cases} a = \frac{1}{4} \\ b = -1 \\ c = 2 \end{cases}$$

Scheitel S:
Für die Berechnung des Scheitelpunkts werden die Zahlenwerte in die Formel für x_s eingesetzt und die Koordinaten berechnet.

$$x_s = -\frac{b}{2a} = -\frac{-1}{2\left(\frac{1}{4}\right)} = \frac{1}{\frac{1}{2}} = 2$$

$$y_s = p\,(x_s) = p\,(2) = \frac{1}{4} \cdot 2^2 - 2 + 2 = 1$$

$\Rightarrow$ Scheitel: $S\,(2\,|\,1)$

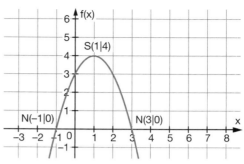

Bild 1: Parabel G_f

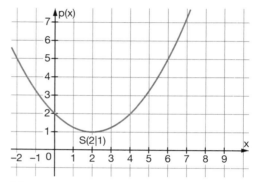

Bild 2: Parabel G_p

Nullstellen:

$$x_{1,2} = \frac{-(-1) \pm \sqrt{(-1)^2 - 4 \cdot \frac{1}{4} \cdot 2}}{2 \cdot \frac{1}{4}} = \frac{1 \pm \sqrt{1 - 2}}{\frac{1}{2}}$$

$$= 2\,(1 \pm \sqrt{-1})$$

$\Rightarrow$ Es existieren keine Nullstellen, da $\sqrt{-1}$ in $\mathbb{R}$ nicht definiert ist.
Den Graphen der Funktion p zeigt Bild 2.

Aufgaben zu 6.1

Berechnen Sie den Scheitel und die Nullstellen der Funktionen f:

a) f: $f(x) = \frac{1}{2}x^2 + 2x$

b) f: $f(x) = -x^2 + 4x - 4$

6.2 Gleichungen der Form $f(x) = ax^2$

Bei geometrischen Zusammenhängen sowie bei Gesetzmäßigkeiten in der Physik oder der Technik treten häufig quadratische Funktionen auf. Das Schaubild einer solchen Funktion ist eine Parabel.

Beispiel 1:
Bei einem Quadrat mit der Seitenlänge a wird die Fläche mit $A = a \cdot a = a^2$ berechnet. Die Fläche des Quadrats lässt sich als Funktion der Quadratseite auffassen. Die quadratische Funktionsgleichung $A(a) = a^2$ stellt für jede Seitenlänge a die Flächenmaßzahl des Flächeninhalts dar.

a [m]	0	1	2	3	4	5	6	...
A(a) [m²]	0	1	4	9	16	25	36	...

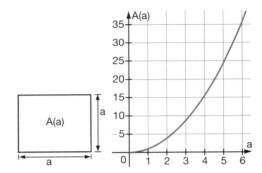

Bild 1: Maßzahl der Fläche

Das Schaubild des Flächeninhalts ist eine Normalparabel (Bild 1). Der linke Parabelast ist hier ohne Bedeutung, da die Seitenlänge a keine negativen Werte annehmen kann. Vergleicht man die Funktionsgleichung $f(x) = x^2$ und die Funktionsgleichung $A(a) = a^2$, so lässt sich feststellen, dass anstelle von x der Wert a und anstelle von f(x) der Wert A(x) steht.

Beispiel 2:
Wird ein Auto mit der Masse m = 1000 kg vom Ruhezustand auf die Geschwindigkeit v beschleunigt, so muss Arbeit W verrichtet werden.
Für die Beschleunigungsarbeit (gespeichert als kinetische Energie) in Abhängigkeit der Geschwindigkeit v gilt:

$$W(v) = \frac{m}{2} \cdot v^2$$

Mit dem angegebenen Wert m = 1000 kg kommt man zu folgender Funktionsgleichung:

$$W(v) = \frac{1000}{2} v^2 = 500 v^2$$

Der Vergleich mit der Funktionsgleichung $f(x) = ax^2$ zeigt, dass der Koeffizient a den Wert 500 hat.

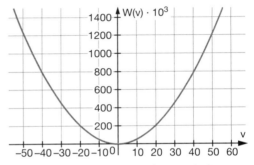

Bild 2: Maßzahl der Beschleunigungsarbeit

Dargestellt in einer Wertetabelle kann der Graph für diese Funktion gezeichnet werden (Bild 2).

v [m · s⁻¹]	0	10	20	30	50
W(v) [N · m]	0	$5 \cdot 10^4$	$2 \cdot 10^5$	$4,5 \cdot 10^5$	$1,25 \cdot 10^6$

6

Aufgabe zu 6.2

Die Kreisfläche A mit dem Radius r kann als Graph dargestellt werden. Skizzieren Sie den Graphen für $0 \leq r \leq 50$.

6.3 Gleichungen der Form $f(x) = ax^2 + bx$

Bei geometrischen oder physikalischen Zusammenhängen, die zu quadratischen Funktionsgleichungen führen, gibt es auch Parabeln, die nicht nur einen quadratischen Term, sondern auch einen linearen Term haben.

Beispiel 1:
Die Oberfläche O eines Kreiszylinders setzt sich aus dem Mantel M des Zylinders sowie dem Boden A_B und dem Deckel A_D zusammen. Die Oberfläche des Kreiszylinders mit dem Radius r und der konstanten Höhe h = 2 m kann mit einer Funktionsgleichung in Abhängigkeit von r beschrieben werden:

$$O(r,h) = \underbrace{\pi \cdot r^2}_{\text{Boden}} + \underbrace{\pi \cdot r^2}_{\text{Deckel}} + \underbrace{\pi \cdot 2r \cdot h}_{\text{Mantel}} = 2\pi r^2 + 2\pi rh$$

Betrachtet man die Oberflächen des Kreiszylinders mit h = 2 m, so ergibt sich eine Funktionsgleichung, die nur noch vom Radius r abhängt:

$$O(r) = 2\pi r^2 + 2\pi r \cdot 2 = 2\pi r^2 + 4\pi r$$

Damit der Graph gezeichnet werden kann, wird der Scheitel der Parabel berechnet:

$$O(r) = 2\pi r^2 + 4\pi r \Rightarrow \begin{cases} a = 2\pi \\ b = 4\pi \end{cases}$$

$$r_s = -\frac{b}{2a} = -\frac{4\pi}{2 \cdot 2\pi} = -\frac{4\pi}{4\pi} = -1 \ [\text{m}]$$

Für den Funktionswert des Scheitels gilt:

$$O(r_s) = O(-1) = 2\pi(-1)^2 + 4\pi(-1) = -2\pi \ [\text{m}^2]$$
$$\Rightarrow S(-1\,|\,-2\pi)$$

r [m]	−1	0	1	2	4	8
$O(r)$ [m²]	-2π	0	6π	16π	48π	160π

Der Graph (Bild 2) macht nur Sinn für r > 0, da „negative" Radien nicht vorkommen können. Aus den Funktionswerten im I. Quadranten ist ersichtlich, dass die Maßzahl der Oberfläche bei konstanter Höhe h für den größer werdenden Radius gegen unendlich strebt.

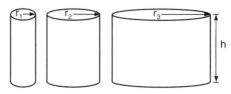

h = 2 m: $r_1 < r_2 < r_3$
Bild 1: Oberfläche Kreiszylinder

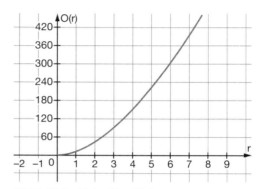

Bild 2: Maßzahl der Oberfläche

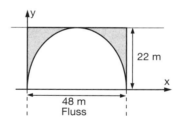

Bild 3: Brückenbogen

Beispiel 2:
Über einen Fluss wird ein Brückenbogen gespannt (Bild 3), der die Form einer Parabel hat.
Zu bestimmen ist die Funktionsgleichung des parabelförmigen Brückenbogens.

Damit die Aufgabe gelöst werden kann, sind aus Bild 3 markante Punkte der Parabel zu entnehmen.

1. Die Parabel ist nach unten geöffnet, deshalb hat der Koeffizient a vor dem quadratischen Term ein negatives Vorzeichen ($a < 0$).

2. Die Schnittpunkte der Parabel mit der x-Achse (Nullstellen) lauten $N_1(0|0)$ und $N_2(48|0)$.

3. Die Symmetrieachse der Parabel geht durch den Scheitel der Parabel. Deshalb lautet die x-Koordinate des Scheitels $x_s = 24$. Die y-Koordinate des Scheitels ist der größte y-Wert und lautet deshalb $y_s = 22$, also gilt für den Scheitel: $S(24|22)$.

Zur Bestimmung der Funktionsgleichung der Parabel p gibt es verschiedene Möglichkeiten.

Der Graph der Parabel beginnt im Ursprung, deshalb lautet die Funktionsgleichung in allgemeiner Form $p(x) = ax^2 + bx$. In dieser Gleichung kommen die unbekannten Koeffizienten a und b vor. Zu deren Bestimmung sind zwei Bestimmungsgleichungen erforderlich (Anzahl der Unbekannten ist gleich Anzahl der Bestimmungsgleichungen). Die Punkte N_2 und S liefern die benötigten Werte.

(I): $N_2(48|0) \Rightarrow p(48) = 0$
(II): $S(24|22) \Rightarrow p(24) = 22$

Werte in die Gleichung $p(x) = ax^2 + bx$ einsetzen:

(I): $\quad 0 = a \cdot (48)^2 + b \cdot 48$
(II): $22 = a \cdot (24)^2 + b \cdot 24$

Berechnungen durchführen:

(I): $\quad 0 = 2304a + 48b$
(II): $22 = 576a + 24b$

Lösen des linearen Gleichungssystems:

(I): $\quad 0 = 2304a + 48b$
(II): $22 = 576a + 24b \qquad | \cdot (-2)$

(I): $\qquad 0 = 2304a + 48b$
(II): $-44 = -1152a - 48b$

Gleichungen addieren:
$-44 + 0 = -1152a + 2304a - 48b + 48b$
$-44 = 1152\,a \qquad\qquad\quad | : 1152$

$\dfrac{-44}{1152} = -\dfrac{11}{288} = a$

$a = -\dfrac{11}{288}$ in (I):

$0 = 2304 \cdot \left(-\dfrac{11}{288}\right) + 48b \qquad | \text{ ausrechnen}$

$0 = -\dfrac{25\,344}{288} + 48b \qquad\qquad | + \dfrac{25\,344}{288}$

$\dfrac{25\,344}{288} = 48b \qquad\qquad\qquad | : 48$

$\dfrac{25\,344}{288 \cdot 48} = \dfrac{11}{6} = b$

$\Rightarrow p(x) = -\dfrac{11}{288}x^2 + \dfrac{11}{6}x$

Eine andere Möglichkeit zur Bestimmung der Funktionsgleichung bietet die Scheitelpunktform $p(x) = -a(x - x_s)^2 + y_s$.

Durch Einsetzen der Scheitelpunktkoordinaten $x = 24$ und $y_s = 22$ in die Scheitelpunktform erhält man folgende Gleichung:
$p(x) = a(x - 24)^2 + 22 \qquad | \text{ ausrechnen}$
$p(x) = a(x^2 - 48x + 576) + 22$

Zur Bestimmung von a werden die Koordinaten von N_2 eingesetzt:
$\quad 0 = a(48^2 - 48 \cdot 48 + 576) + 22$
$\quad 0 = a(576) + 22 \qquad\qquad | -22$
$-22 = 576a \qquad\qquad\qquad | : 576$

$\dfrac{-22}{576} = -\dfrac{11}{288} = a$

$\Rightarrow p(x) = -\dfrac{11}{288}(x - 24)^2 + 22$

Aufgabe zu 6.3

Berechnen Sie die Koeffizienten a und b aus Beispiel 2 mithilfe der Scheitelpunktkoordinaten $x_s = -\dfrac{b}{2a}$ und $y_s = c - \dfrac{b^2}{4a}$.

6.4 Gleichungen der Form f(x) = ax² + bx + c

Bei den Graphen der Funktionsgleichung $f(x) = ax^2 + bx + c$ handelt es sich um Parabeln, deren Scheitel nicht auf der y-Achse liegen und die auch nicht durch den Koordinatenursprung verlaufen.

Beispiel 1:

Wirft jemand einen Gegenstand von einer Höhe h_0 mit einer bestimmten Anfangsgeschwindigkeit v_0 nach oben, so wird die Geschwindigkeit, mit der der Gegenstand steigt, immer langsamer, bis sie den Wert null hat. Dann beginnt der Gegenstand wegen der Fallbeschleunigung g nach unten zu fallen und nimmt wieder Geschwindigkeit auf. Dieser Vorgang wird als senkrechter Wurf nach oben bezeichnet.

In physikalischen Formelsammlungen wird die Höhe h in Abhängigkeit der Zeit t mit folgender Formel beschrieben:

$$h(t) = \underbrace{h_0}_{\substack{\text{Höhe zum}\\\text{Zeitpunkt t}}} + \underbrace{v_0 \cdot t}_{\substack{\text{Anfangs-}\\\text{höhe}}} - \underbrace{\frac{1}{2} \cdot g \cdot t^2}_{\substack{\text{Abnahme}\\\text{durch}\\\text{freien Fall}}}$$

Wobei der mittlere Term die Bezeichnung "Zuwachs durch v_0" trägt.

Bei der Formel handelt es sich um eine quadratische Funktionsgleichung, die wir mit h bezeichnen:

$$h: h(t) = -\frac{g}{2} \cdot t^2 + v_0 \cdot t + h_0 \Rightarrow \begin{cases} a = -\frac{g}{2} \\ b = v_0 \\ c = h_0 \end{cases}$$

Für die Scheitelkoordinaten gilt:

$$t_s = -\frac{b}{2a} = -\frac{v_0}{2 \cdot \left(-\frac{g}{2}\right)} = \frac{v_0}{g}$$

$$h_s = h(t_s) = -\frac{g}{2}\left(\frac{v_0}{g}\right)^2 + v_0 \cdot \left(\frac{v_0}{g}\right) + h_0$$

$$h_s = h_0 + \frac{v_0^2}{2g}$$

Wählen wir z. B. für den Gegenstand einen Tennisball, den ein Tennisspieler mit einer Anfangsgeschwindigkeit $v_0 = 10\ \text{m} \cdot \text{s}^{-1}$ von der Höhe $h_0 = 1{,}5\ \text{m}$ nach oben wirft, so ergibt sich mit den Zahlenwerten und der Fallbeschleunigung $g = 9{,}81\ \text{m} \cdot \text{s}^{-2}$ fol-

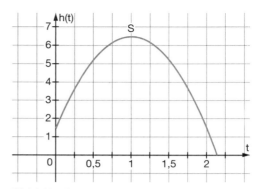

Bild 1: Wurfparabel

gende Funktionsgleichung für die Höhe h in Abhängigkeit der Zeit t:

$$h: h(t) = -\frac{9{,}81}{2} \cdot t^2 + 10 \cdot t + 1{,}5$$

Den Graphen der Parabel zeigt Bild 1.
Für die Scheitelkoordinaten gilt:

$$t_s = \frac{v_0}{g} = \frac{10}{9{,}81} \approx 1{,}02$$

$$h_s = h_0 + \frac{v_0^2}{2g} = 1{,}5 + \frac{10^2}{2 \cdot 9{,}81} = 1{,}5 + \frac{100}{19{,}62}$$

$$h_s \approx 6{,}6$$

Das heißt, der Ball hat nach 1,02 Sekunden den Scheitel der Parabel bei einer Höhe von 6,6 Meter ereicht.

Um zu berechnen, nach welcher Zeit der Ball den Boden berührt, wird $h(t) = 0$ gesetzt.

$$0 = -4{,}905t^2 + 10t + 1{,}5 \Rightarrow \begin{cases} a = -4{,}905 \\ b = 10 \\ c = 1{,}5 \end{cases}$$

$$t_{1,2} = \frac{-10 \pm \sqrt{10^2 - 4 \cdot (-4{,}905) \cdot 1{,}5}}{2(-4{,}905)}$$

$$t_{1,2} = \frac{-10 \pm \sqrt{129{,}43}}{-9{,}81}$$

$$t_1 = \frac{-10 - \sqrt{129{,}43}}{-9{,}81} = 2{,}18$$

$$t_2 = \frac{-10 + \sqrt{129{,}43}}{-9{,}81} = -0{,}14 \notin D_h$$

Beispiel 2:

Die Interpretation von Graphen, um Sachverhalte zu bestimmen, soll dieses Beispiel verdeutlichen.

In Bild 1 ist der Graph G_g der Funktion g: $g(x) = \frac{1}{2}x + 3$ und der Graph G_p der Funktion p: $p(x) = -\frac{1}{2}x^2 + 2$ zu sehen. Wenn der kleinste (minimalste) Abstand der Ordinatenwerte (y-Werte) der beiden Graphen gefunden werden soll, so ist dem Bild nach zu vermuten, dass er im Intervall von $]-1; 0[$ zu finden ist. Um die exakte Stelle und dann auch den Betrag des Abstandes d der beiden Graphen zu finden, ist folgendermaßen vorzugehen:

1. Abstand d bestimmen:

$d = y_g - y_p$

Für den Abstand an jeder Stelle x gilt:

$d(x) = g(x) - p(x)$

$d(x) = \frac{1}{2}x + 3 - \left(-\frac{1}{2}x^2 + 2\right)$ | sortieren

$d(x) = \frac{1}{2}x^2 + \frac{1}{2}x + 1$

Der Graph dieser Funktion d beschreibt für jede Stelle x den Abstand des Graphen G_g der Funktion g und des Graphen g_p der Funktion p. Der Graph der Abstandsfunktion d ist eine nach oben geöffnete Parabel, deshalb ist der y-Wert des Scheitels der kleinste Wert und somit der gesuchte kleinste Abstand der Graphen G_g und G_p.

2. Scheitelpunktkoordinaten von d bestimmen:

$d(x) = \frac{1}{2}x^2 + \frac{1}{2}x + 1 \Rightarrow \begin{cases} a = \frac{1}{2} \\ b = \frac{1}{2} \\ c = 1 \end{cases}$

$x_s = -\frac{b}{2a} = -\frac{\frac{1}{2}}{2 \cdot \frac{1}{2}} = -\frac{\frac{1}{2}}{1} = -\frac{1}{2}$

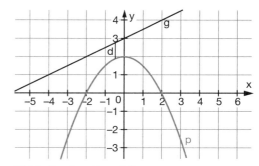

Bild 1: Graphen G_g und G_f

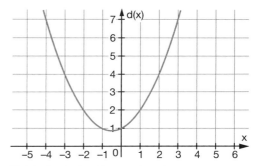

Bild 2: Graph der Abstandsfunktion

$y_s = d(x_s) = \frac{1}{2}\left(-\frac{1}{2}\right)^2 + \frac{1}{2} \cdot \left(-\frac{1}{2}\right) + 1$

$= \frac{1}{8} - \frac{1}{4} + 1 = \frac{7}{8}$

Die Scheitelpunktkoordinaten $S\left(-\frac{1}{2}\middle|\frac{7}{8}\right)$ sagen somit aus, dass an der Stelle $x_s = -0{,}5$ der minimalste Abstand $y_s = 0{,}875$ Längeneinheiten zwischen den Graphen G_g und G_p beträgt.

Aufgabe zu 6.4

Bestimmen Sie den minimalsten Abstand d der Ordinatenwerte (y-Werte) des Graphen G_f der Funktion f und des Graphen G_p der Funktion p:

f: $f(x) = -(x - 2)^2 + 1$ und

p: $p(x) = \frac{1}{4}x^2 - 2x + 5$

6.5 Erstellen der Gleichung mit Nebenbedingung

Bei anwendungsbezogenen Aufgaben entstehen oft Gleichungen, die von zwei Variablen abhängen. Deshalb ist es notwendig, durch eine Nebenbedingung, die zum Sachverhalt gehört, eine der Variablen zu eliminieren, damit man eine Gleichung mit nur einer unabhängigen Variablen erhält.

Beispiel 1:
In einem Fußballstadion befindet sich eine Laufbahn für Leichtathleten (Bild 1). Die Innenumrandung der Laufbahn ist 400 Meter lang und besteht aus zwei Geradenstücken und zwei Halbkreisbögen. Das Fußballfeld, welches im Innern der Laufbahn an die Geradenstücke der Laufbahn angrenzt, ist so zu bemessen, dass die Spielfeldfläche A maximale Größe annimmt.

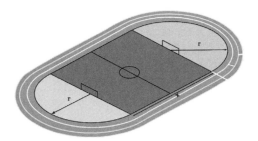
Bild 1: Fußballstadion

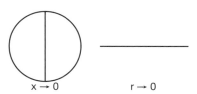
Bild 2: Varianten des Spielfeldes

• Berechnung der Rechtecksfläche
Bei der Spielfeldfläche A handelt es sich um ein Rechteck.
Die Formel für die Berechnung der Rechtecksfläche lautet Länge l mal Breite b:
$A = l \cdot b$
In unserem Fall bezeichnen wir die Länge mit x und die Breite hat den Wert $r + r = 2r$.
Somit erhalten wir die Gleichung:
$A(x, r) = x \cdot 2r = 2r \cdot x$

• Nebenbedingung verwenden
Damit wir eine Gleichung mit nur einer unabhängigen Variablen x erhalten, muss die Variable r mithilfe der Nebenbedingung, dass die Laufbahn eine Länge von 400 m hat, eliminiert werden.
Die Laufbahnlänge l setzt sich zusammen aus den zwei Geradenstücken x und den zwei Halbkreisen $\pi \cdot r$:

$$l = 2x + 2\pi \cdot r = 400 \quad | \text{ nach } r \text{ umstellen}$$
$$2\pi \cdot r = 400 - 2x \quad | : \pi$$
$$2r = \frac{400}{\pi} - \frac{2x}{\pi}$$

• Funktionsgleichung bestimmen

$2r = \dfrac{400}{\pi} - \dfrac{2x}{\pi}$ in Gleichung $A(x,r) = 2r \cdot x$

einsetzen, dadurch wird r eliminiert:

$$A(x) = \left(\frac{400}{\pi} - \frac{2x}{\pi}\right) \cdot x = -\frac{2}{\pi} \cdot x^2 + \frac{400}{\pi} \cdot x$$

Diese Funktionsgleichung gibt nun für jedes x (aus der Definitionsmenge) die Maßzahl der Fläche des Spielfeldes an.

• Definitionsmenge D_x für x bestimmen
Zur Bestimmung der Definitionsmenge muss Bild 1 betrachtet werden:
Für $x \rightarrow 0$ verschwindet das Spielfeld und man erhält einen Kreis mit 400 m Umfang, für $r \rightarrow 0$ erhält man ein Spielfeld mit 200 m Länge (Bild 2).
Für eine sinnvolle Definitionsmenge gilt:
$D_x = \{x \, | \, 0 < x < 200\}_{\mathbb{R}}$

• Maximale Fläche bestimmen

Bei der Funktionsgleichung für die Fläche des Spielfeldes handelt es sich um eine quadratische Gleichung, deren Graph eine nach unten geöffnete Parabel ist (Bild 1). Das bedeutet, dass die y-Koordinate des Scheitels der größte Ordinatenwert ist und somit die gesuchte Größe (größte Fläche).

$$A(x) = -\frac{2}{\pi} \cdot x^2 + \frac{400}{\pi} \cdot x \Rightarrow \begin{cases} a = -\frac{2}{\pi} \\ b = \frac{400}{\pi} \\ c = 0 \end{cases}$$

$$x_s = -\frac{b}{2a} = -\frac{\frac{400}{\pi}}{2 \cdot \left(-\frac{2}{\pi}\right)} = \frac{400}{4} = 100 \in D_x$$

Wird $x = 100$ in die Funktionsgleichung $A(x) = -\frac{2}{\pi} \cdot x^2 + \frac{400}{\pi} \cdot x$ eingesetzt, so erhält man den y-Wert der Scheitelpunktkoordinate und somit die gesuchte maximale Fläche.

$$y_s = A(x_s) = A(100) = -\frac{2}{\pi} \cdot 100^2 + \frac{400}{\pi} \cdot 100$$
$$= 6366,2$$

Die maximale Fläche des Spielfeldes beträgt 6366,2 Quadratmeter (Bild 1). Der Graph zeigt auch, dass an den Grenzen der Definitionsmenge für $x = 0$ bzw. für $x = 200$ die Maßzahl der Fläche 0 ist.

Für die Breite des Spielfeldes ergibt sich:

$$2r = \frac{400}{\pi} - \frac{2 \cdot 100}{\pi} = \frac{200}{\pi} = 63,66 \text{ (Meter)}$$

Beispiel 2:

Der Dachboden eines 10 Meter langen Hauses soll ausgebaut werden. Der Querschnitt des Dachbodens ist ein gleichschenkliges Dreieck mit der Breite 8 Meter und der Höhe 4 Meter. In den Dachboden soll ein Raum mit rechteckigem Querschnitt eingebaut werden (Bild 2).

Die Maße für x und h sind so zu bestimmen, dass das Raumvolumen maximal wird.

Für das Volumen eines Quaders gilt allgemein $V = l \cdot b \cdot h$.

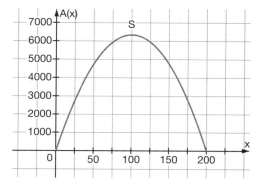

Bild 1: Graph der Flächenfunktion

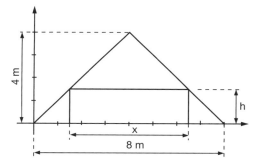

Bild 2: Querschnitt des Dachbodens

• Berechnung des Volumens

In unserem Beispiel gilt für das Volumen in Abhängigkeit von x und h:
$$V(x, h) = x \cdot h \cdot 10$$

• Nebenbedingung verwenden

Damit wir eine Gleichung mit nur einer unabhängigen Variablen x erhalten, muss die Variable h eliminiert werden, das heißt, es muss eine Gleichung mit x und h gefunden werden, die dies ermöglicht. Wenn man Bild 2 betrachtet, so bietet sich als Lösung des Problems der Strahlensatz an.

6

Der Strahlensatz in diesem Fall besagt: Legt man ein rechtwinkliges Dreieck in den Querschnitt des Dachbodens (Bild 1), so verhält sich die Gesamthöhe von 4 m zum Dreiecksschenkel von $\frac{8}{2}$ m = 4 m genau so, wie 4 − h zu $\frac{x}{2}$.

$$\Rightarrow \quad \frac{4}{4} = \frac{4-h}{\frac{x}{2}};$$

$$1 = \frac{2(4-h)}{x} \qquad |\cdot x$$

$$x = 2(4-h) = 8 - 2h \quad |\text{umstellen nach h}$$

$$h = \frac{8-x}{2} = 4 - \frac{1}{2}x$$

• **Funktionsgleichung bestimmen**

$h = 4 - \frac{1}{2}x$ in Gleichung $V(x, h) = x \cdot h \cdot 10$:

$$V(x) = x \cdot \left(4 - \frac{1}{2}x\right) \cdot 10 = 40x - 5x^2$$

Die Funktionsgleichung $V(x) = -5x^2 + 40x$ beschreibt für jedes x aus der Definitionsmenge das Volumen des Rechteckquaders.

• **Definitionsmenge D_x für x bestimmen**

Aus dem Querschnitt des Dachbodens ist ersichtlich, dass x maximal 8 Meter werden kann. Für eine sinnvolle Definitionsmenge gilt:
$$D_x = \{x \,|\, 0 < x < 8\}_{\mathbb{R}}$$

• **Maximales Volumen bestimmen**

Bei der Funktionsgleichung für das Volumen des Quaders im Dachboden handelt es sich um eine quadratische Gleichung, deren Graph eine nach unten geöffnete Parabel ist (Bild 2). Das bedeutet, dass die y-Koordinate des Scheitels der größte Ordinatenwert ist und somit die gesuchte Größe (größtes Volumen).

$$V(x) = -5x^2 + 40x \Rightarrow \begin{cases} a = -5 \\ b = 40 \\ c = 0 \end{cases}$$

$$x_s = -\frac{b}{2a} = -\frac{40}{2 \cdot (-5)} = \frac{40}{10} = 4 \in D_x$$

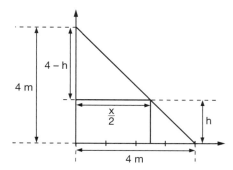

Bild 1: Strahlensatz

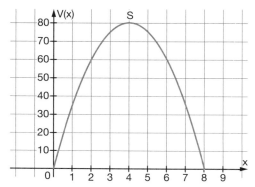

Bild 2: Graph der Volumenfunktion

Wird x = 4 in die Funktionsgleichung $V(x) = -5x^2 + 40x$ eingesetzt, so erhält man den y-Wert der Scheitelpunktkoordinate und somit das gesuchte maximale Volumen.

$$y_s = V(x_s) = V(4) = -5 \cdot 4^2 + 40 \cdot 4 = 80$$

Das maximale Volumen des Dachbodenausbaus beträgt 80 Kubikmeter (Bild 2). Der Graph zeigt auch, dass an den Grenzen der Definitionsmenge für x = 0 bzw. für x = 8 die Maßzahl des Volumens 0 ist.

Bei einer Breite von x = 4 Meter ergibt sich für die Höhe h:

$$h = 4 - \frac{1}{2}x = 4 - \frac{1}{2} \cdot 4 = 4 - 2 = 2$$

Die Höhe des Raumes beträgt also 2 Meter.

Sollten z.B. aus baurechtlichen Gründen nur Räume mit V = 75 Kubikmeter erlaubt sein (Bild 1), so können mithilfe der Funktionsgleichung für $V(x) = -5x^2 + 40x$ die geforderten Maße berechnet werden.

• Gleichung ansetzen und lösen

$75 = -5x^2 + 40x \quad | + 5x^2 - 40x$

$5x^2 - 40x + 75 = 0 \Rightarrow \begin{cases} a = 5 \\ b = -40 \\ c = 75 \end{cases}$

$x_{1,2} = \dfrac{-(-40) \pm \sqrt{(-40)^2 - 4 \cdot 5 \cdot 75}}{2 \cdot 5} = \dfrac{40 \pm 10}{10}$

$x_1 = \dfrac{40 - 10}{10} = \dfrac{30}{10} = 3;$

$x_2 = \dfrac{40 + 10}{10} = \dfrac{50}{10} = 5$

Für $x_1 = 3$ Meter lässt sich folgende Höhe h_1 errechnen:

$h_1 = 4 - \dfrac{1}{2}x = 4 - \dfrac{1}{2} \cdot 3 = 4 - 1{,}5 = 2{,}5$ Meter.

Für $x_1 = 5$ Meter lässt sich folgende Höhe h_2 errechnen:

$h_2 = 4 - \dfrac{1}{2}x = 4 - \dfrac{1}{2} \cdot 5 = 4 - 2{,}5 = 1{,}5$ Meter.

Der Bauherr kann sich entscheiden.

Aufgaben zu 6.5

Eine Schreinerei nimmt einen Auftrag an, ein rechteckiges Fenster mit aufgesetztem Rundbogen zu fertigen (Skizze Bild 1). Der Umfang soll 8 m betragen und die Fläche maximal sein.

a) Erstellen Sie eine Gleichung für die Fläche des Fensters in Abhängigkeit der Breite b.

b) Berechnen Sie die maximale Fläche sowie für diese Fläche die Größen b und l.

Wiederholungsaufgaben

1. Die Höhe h eines parabelförmigen Brückenbogens (Bild 2) kann durch die Funktionsgleichung $h(s) = -\dfrac{1}{2}s^2 + \dfrac{5}{4}s$ beschrieben werden, wobei s die Länge in Meter ist.

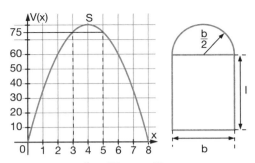

Bild 1: V = 75 m³ und Fensterskizze

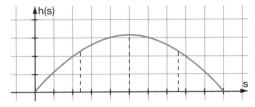

Bild 2: Brückenbogen

a) Berechnen Sie die Spannweite.

b) Bestimmen Sie den Scheitel des Bogens.

c) An den Stellen s_1 = 6 m, s_2 = 12,5 m und s_3 = 19 m werden Versteifungen eingebaut. Berechnen Sie die Länge der Stäbe.

2. Eine Polizeistreife steht im Baustellenbereich einer Autobahn, als plötzlich ein Auto mit einer konstanten Geschwindigkeit v = 144 km · h⁻¹ vorbeifährt. Als die Polizeistreife die Verfolgung mit a = 3 m · s⁻² aufnimmt (t = 0), hat das Auto einen Vorsprung von 100 Meter.

a) Stellen Sie für beide Fahrzeuge die Funktion der Strecke s in Abhängigkeit der Zeit t auf ($v_{konst} = s \cdot t^{-1}$; $v_{beschleunigt} = \dfrac{1}{2}a \cdot t^2$).

b) Berechnen Sie die Zeit t und die Strecke s, bis die Polizei den Temposünder einholt.

6

Lösungen der Aufgaben

Lektion 1

Aufgaben zu 1.1

1. a) $A_K = \pi \cdot r^2 = \pi \cdot (9,15\ m)^2 = 263,02\ m^2$
  b) $A_{Verschnitt} = A_Q - A_K = 334,89\ m^2 - 263,02\ m^2 = 71,87\ m^2$

2. a) $A_D = l \cdot b = 5\ m \cdot 4\ m = 20\ m^2$
    $A_{S1} = 2A_l = 2\,(l \cdot h) = 2\,(5\ m \cdot 2,5\ m) = 25\ m^2$
    $A_{S2} = 2A_b = 2\,(b \cdot h) = 2\,(4\ m \cdot 2,5\ m) = 20\ m^2$
    $A_{Gesamt} = 65\ m^2$
  b) $A_F = 1,2\ m \cdot 1,1\ m = 1,32\ m^2$; $A_T = 0,9\ m \cdot 2\ m = 1,8\ m^2$
    $A_T = 25\ m^2 - 1,32\ m^2 - 1,8\ m^2 = 21,88\ m^2$

Aufgaben zu 1.2.1

1. Bei den Ausdrücken handelt es sich um Terme, weil die Variablen und Zahlen durch Rechenzeichen verknüpft wurden.

2. Terme: $y + 2$; $z - 2$; $z + 2$; $z + a$; $2a - 4 + 2b$

3. a) $T\,(4) = 14$ b) $T\,(4) = 8$ c) $T\,(4;\,-1) = 30$
  d) $T\,(4;\,-1) = -1$ e) $T\,(4;\,-1) = 12$ f) $T\,(4;\,-1) = 60$

Aufgaben zu 1.2.2

1. a) $4 \cdot a + 4 = 12$ b) $4 \cdot a + 4 = -12$ c) $7 \cdot a - 5 = 16$ d) $7 \cdot a + 5 = -16$
    $\quad 4 \cdot a = 8$ $4 \cdot a = -16$ $7 \cdot a = 21$ $7 \cdot a = -21$
    $\qquad a = 2$ $a = -4$ $a = 3$ $a = -3$

2. a) ja   b) ja   c) ja

Aufgaben zu 1.2.3

1. a) $L = \{11\}$ b) $L = \{11\}$ c) $L = \{37\}$ d) $L = \{4\}$ e) $L = \left\{-\dfrac{14}{3}\right\}$ f) $L = \{5\}$

2. a) $b = \dfrac{U - 2a}{a}$ b) $c = \dfrac{2A}{h_c}$ c) $c = \dfrac{2A}{h} - a$

3. $t = \dfrac{z \cdot 100 \cdot 12}{K \cdot p} = \dfrac{537,50 \cdot 100 \cdot 12}{12\,500 \cdot 4,3} = 12$

  In zwölf Monaten bringt ein Kapital von 12 500 € einen Zinsertrag von 537,50 €.

4. a) $b = \dfrac{A}{l} = \dfrac{672\ m^2}{24\ m} = 28\ m$ b) $a = \dfrac{U - 2b}{2} = \dfrac{200 - 2 \cdot 60}{2} = 40$

Aufgaben zu 1.3

1. a) $D = \mathbb{Q}\backslash\{-1; 2\}$ b) $D = \mathbb{Q}\backslash\{-1\}$ c) $D = \mathbb{Q}$ d) $D = \mathbb{Q}$

2. a) $D = \mathbb{Q}\backslash\{-1\}; L = \left\{-\dfrac{3}{4}\right\}$ b) $D = \mathbb{Q}\backslash\{-1; 2\}; L = \left\{\dfrac{7}{2}\right\}$

c) $D = \mathbb{Q}\backslash\{-1; 0\}; L = \{-2\}$ d) $D = \mathbb{Q}\backslash\{2\}; L = \left\{\dfrac{a}{2} + 2; a \neq 0\right\}$

Aufgaben zu 1.4

a) $L = \{x \,|\, x > 4\}_\mathbb{Q}$ b) $L = \{x \,|\, x > 4\}_\mathbb{Q}$ c) $L = \{x \,|\, x < 4{,}5\}_\mathbb{Q}$

d) $L = \{x \,|\, x \leq 4\}_\mathbb{Z}$ e) $L = \{x \,|\, x \leq 11\}_\mathbb{Z}$ f) $L = \left\{x \,|\, x < \dfrac{3}{4}\right\}_\mathbb{Q}$

Wiederholungsaufgaben

1. $A = A_{ACB} + A_{OFCA} + A_{EDC} + A_{FGDE} = \dfrac{1}{2}(g \cdot h) + l \cdot b + \dfrac{1}{2}(g \cdot h) + l \cdot h$

$= \dfrac{1}{2}(12\ m \cdot 4\ m) + 12\ m \cdot 6\ m + \dfrac{1}{2}(6\ m \cdot 2\ m) + 6\ m \cdot 4\ m$

$= 24\ m^2 + 72\ m^2 + 6\ m^2 + 24\ m^2 = 126\ m^2$

2. a) $T(-1; 2) = 4$ b) $T(-1; 2) = 2$ c) $T(-1; 2) = 21$ d) $T(-1; 2) = 8$

3. $p = \dfrac{z \cdot 100 \cdot 12}{K \cdot t} = \dfrac{504 \cdot 100 \cdot 12}{12\,000 \cdot 12} = 4{,}2$

Das Kapital ist mit 4,2 % verzinst.

4. a) $L = \{20\}$ b) $L = \{19\}$ c) $L = \{57\}$ d) $L = \left\{\dfrac{4}{3}\right\}$ e) $L = \left\{-\dfrac{22}{3}\right\}$ f) $L = \left\{-\dfrac{23}{3}\right\}$

5. a) $D = \mathbb{Q}\backslash\{-2; 1\}; L = \left\{\dfrac{5}{2}\right\}$ b) $D = \mathbb{Q}; L = \{-4\}$ c) $D = \mathbb{Q}\backslash\{-1\}; L = \left\{-\dfrac{7}{8}\right\}$

6. a) $L = \left\{x \,|\, x < -\dfrac{21}{5}\right\}_\mathbb{Q}$ b) $L = \left\{x \,|\, x > \dfrac{7}{3}\right\}_\mathbb{Q}$

Lektion 2

Aufgaben zu 2.1

1. Umstellen der Gleichungen

$y = \dfrac{3}{2}x - \dfrac{1}{2}$

$y = 2x$

$L = \{(-1 \,|\, -2)\}$

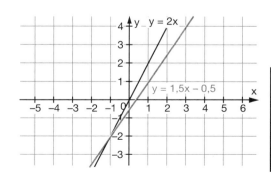

2. Umstellen der Gleichungen

$y = -x + 3$

$y = \frac{1}{2}x - \frac{3}{2}$

$L = \{(3 \mid 0)\}$

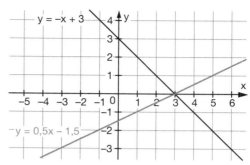

3. Umstellen der Gleichungen

$y = \frac{1}{3}x - \frac{2}{3}$

$y = \frac{1}{3}x - \frac{1}{2}$

Es handelt sich um parallele Geraden.

$L = \{\ \}$

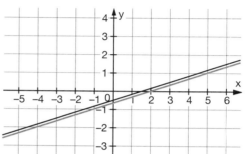

Aufgaben zu 2.2

1. $L = \{(17 \mid 5)\}$ **2.** $L = \{(-9 \mid 3,5)\}$ **3.** $L = \{(5 \mid 3)\}$

4. $L = \{(3,2 \mid 0,4)\}$ **5.** $L = \left\{\left(\frac{4}{3} \mid -\frac{4}{3}\right)\right\}$ **6.** $L = \{(6 \mid 13)\}$

Aufgaben zu 2.3

1. $L = \{(0,5 \mid -0,5)\}$ **2.** $L = \{(3 \mid -1)\}$

Aufgaben zu 2.4

a) $L = \{(4 \mid 1)\}$ b) $L = \{(0,7 \mid 0,6)\}$ c) $L = \{(-2 \mid -3)\}$

Wiederholungsaufgaben

1. a) $L = \{(-2 \mid 5)\}$ b) $L = \{(1 \mid 1)\}$ c) $L = \{(-1,5 \mid 0)\}$

2. a) $L = \{(54 \mid 22)\}$ b) $L = \{(4 \mid 5)\}$ c) $L = \{(6 \mid 4)\}$

d) $L = \{(4 \mid 0)\}$ e) Die Berechnung ergibt $x = -3$ und $y = -5$.

Probe bei (II) liefert $\frac{0}{0}$, also keine Lösung.

3. $m = \frac{1}{2}$; $b = 2$; $\Rightarrow y = \frac{1}{2}x + 2$

4. L = {(2|3)}

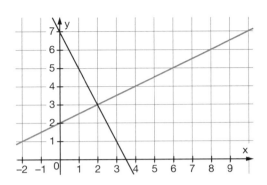

Lektion 3

Aufgaben zu 3.1

1. $m = -\frac{1}{2}$; $b = 3$; $\Rightarrow y = -\frac{1}{2}x + 3$

2. $a = -\frac{1}{2}$; $b = 8$; $c = 0$; $\Rightarrow y = -\frac{1}{2}x^2 + 8x$

Aufgabe zu 3.2

x km/h ist die Geschwindigkeit des Dampfers $\Rightarrow$ 48 km/h
y km/h ist die Geschwindigkeit der Strömung $\Rightarrow$ 32 km/h
(I) x + y = 48
(II) x − y = 32
Lösung: x = 40
           y = 8

Aufgaben zu 3.3

1. $\begin{pmatrix} 1 & 0 & | & -\frac{3}{2} \\ 0 & 1 & | & -2 \end{pmatrix} \Rightarrow L = \left\{ \left(-\frac{3}{2} \middle| -2 \right) \right\}$

2. $\begin{pmatrix} 1 & 0 & | & 2 \\ 0 & 1 & | & -1 \end{pmatrix} \Rightarrow L = \{(2|-1)\}$

Aufgaben zu 3.4 und 3.5

1. $\begin{pmatrix} 2 & -2 & 1 & | & 2 \\ 1 & -4 & 2 & | & -2 \\ -2 & 2 & 0 & | & 2 \end{pmatrix} \Rightarrow \begin{pmatrix} 1 & 0 & 0 & | & 2 \\ 0 & 1 & 0 & | & 3 \\ 0 & 0 & 1 & | & 4 \end{pmatrix} \Rightarrow L \{(2|3|4)\}$

2. (I) 3x + 4y = 15,40
(II) 5x + 3y = 16,50
$\Rightarrow$ Lösung: x = 1,80; y = 2,50

3. x = Zufluss 1; y = Zufluss 2; z = Abfluss
(I)   x + y = 100
(II)   x − z = 20
(III) x + y + z = 80
$\Rightarrow$ Lösung : x = 40; y = 60; z = 20

Das Ergebnis bedeutet, dass der erste Zufluss 40 Liter pro Minute liefert, der zweite Zufluss 60 Liter pro Minute liefert und 20 Liter pro Minute abfließen.

L

Wiederholungsaufgaben

1. $m = -0,6$; $t = 2,8$; $\Rightarrow y = -0,6x + 2,8$

2. $a = 2$; $b = -4$; $c = 3$; $\Rightarrow y = 2x^2 - 4x + 3$

3. a) $L = \{(-1,5 \mid -2)\}$ b) $L = \{(2 \mid -1)\}$

4. a) $L = \{(1 \mid 1 \mid -1)\}$ b) $L = \{\}$ c) $L = \{(1 \mid -1 \mid 1)\}$ d) $L = \{(10 \mid 0 \mid 8)\}$

5. $m = -0,4$; $b = 0,8$; $\Rightarrow y = -0,4x + 0,8$

6. x m/s ist die Geschwindigkeit des Läufers
    y m/s ist die Geschwindigkeit des Windes

    (I) $x + y = \dfrac{100}{10,8}$

    (II) $x - y = \dfrac{100}{11,2}$

    Lösung: $x = 9,09$; $y = 0,17$

7. x ist die Konzentration der 1. Sorte in %
    y ist die Konzentration der 2. Sorte in %
    (I) $3x + 5y = 400$
    (II) $3x + 7y = 470$
    $\Rightarrow$ Lösung : $x = 75$; $y = 35$
    Es wurden 35%iger und 75%iger Alkohol gemischt.

8. Zeit $t_{aufwärts}$: $x - 50$ Stufen
    Zeit $t_{abwärts}$: $200 - x$ Stufen
    Die Geschwindigkeit der Rolltreppe ist konstant.
    $4 (x - 50) = 200 - x$
    $\Rightarrow x = 80$
    Es sind 80 Stufen, die auf der Rolltreppe sichtbar sind.

Lektion 4

Aufgaben zu 4.1

1. a) $x^2 = 256 \mid \sqrt{\;}$
       $|x| = 16 \Rightarrow x_1 = -16$; $x_2 = 16$
    b) $x^2 = 4 \mid \sqrt{\;}$
       $|x| = 2 \Rightarrow x_1 = -2$; $x_2 = 2$
    c) $x^2 = -4 \mid \sqrt{\;}$
       $|x| = \sqrt{-4} \Rightarrow$ keine Lösung in $\mathbb{R}$
    d) $a^2 = 4 + 12 = 16 \mid \sqrt{\;}$
       $|a| = 4 \Rightarrow a_1 = -4$; $a_2 = 4$
    e) $a^2 - 16 = 0 \mid +16$
       $a^2 = 16 \mid \sqrt{\;}$
       $|a| = 4 \Rightarrow a_1 = -4$; $a_2 = 4$

2. a) $\sqrt{324} = 18$ b) $\sqrt{15876} = 126$ c) $\sqrt{0,25} = 0,5$
    d) $\sqrt{6 + 10} = \sqrt{16} = 4$ e) $\sqrt{(-3)^2} = \sqrt{9} = 3$

3. a) $\sqrt{28} + \sqrt{63} = \sqrt{4} \cdot \sqrt{7} + \sqrt{9} \cdot \sqrt{7} = 2\sqrt{7} + 3\sqrt{7} = 5\sqrt{7}$

b) $\sqrt{3} \cdot \sqrt{6} = \sqrt{18} = \sqrt{9} \cdot \sqrt{2} = 3\sqrt{2}$

c) $\sqrt{\dfrac{64}{169}} = \dfrac{\sqrt{64}}{\sqrt{169}} = \dfrac{8}{13}$

d) $\dfrac{3a}{\sqrt{3b}} = \dfrac{3a}{\sqrt{3b}} \cdot \dfrac{\sqrt{3b}}{\sqrt{3b}} = \dfrac{3a \cdot \sqrt{3b}}{3b} = \dfrac{a\sqrt{3b}}{b}$

e) $\dfrac{2}{\sqrt{5} - 1} = \dfrac{2}{\sqrt{5} - 1} \cdot \dfrac{\sqrt{5} + 1}{\sqrt{5} + 1} = \dfrac{2(\sqrt{5} + 1)}{5 - 1} = \dfrac{2(\sqrt{5} + 1)}{4} = \dfrac{\sqrt{5} + 1}{2}$

Aufgaben zu 4.2

a) $V = \dfrac{\pi \cdot h \cdot r^2}{3} \qquad | \cdot 3$

$3V = \pi \cdot h \cdot r^2 \qquad | : (\pi \cdot h)$

$\dfrac{3V}{\pi \cdot h} = r^2 \qquad | \sqrt{}$

$r = \pm\sqrt{\dfrac{3V}{\pi \cdot h}}$

Das Minuszeichen macht in der Praxis keinen Sinn.

b) $F = \gamma \cdot \dfrac{m_1 \cdot m_2}{r^2} \qquad | \cdot r^2$

$r^2 \cdot F = \gamma \cdot m_1 \cdot m_2 \quad | : F$

$r^2 = \gamma \cdot \dfrac{m_1 \cdot m_2}{F} \qquad | \sqrt{}$

$r = \pm\sqrt{\gamma \cdot \dfrac{m_1 \cdot m_2}{F}}$

Das Minuszeichen macht in der Praxis keinen Sinn.

c) $4r^2 = (a - b)^2 \qquad | : 4$

$r^2 = \dfrac{(a - b)^2}{4} \qquad | \sqrt{}$

$r = \dfrac{\sqrt{(a - b)^2}}{\sqrt{4}} = \dfrac{|a - b|}{2}$

Aufgaben zu 4.3

a) $-\dfrac{1}{2}x^2 + 4x = 0 \qquad | \text{ x ausklammern}$

$x\left(-\dfrac{1}{2}x + 4\right) = 0 \qquad | \text{ Satz vom Nullprodukt}$

$x_1 = 0$

$x_2: -\dfrac{1}{2}x + 4 = 0 \Rightarrow x_2 = 8$

L

b) $x^2 - \dfrac{x}{6} = 0$ $\qquad$ | x ausklammern

$\quad x\left(x - \dfrac{1}{6}\right) = 0$ $\qquad$ | Satz vom Nullprodukt

$\quad x_1 = 0$

$\quad x_2: x - \dfrac{1}{6} = 0 \Rightarrow x_2 = \dfrac{1}{6}$

c) $-2x^2 + bx = 0$ $\qquad$ | x ausklammern
$\quad x(-2x + b) = 0$ $\qquad$ | Satz vom Nullprodukt
$\quad x_1 = 0$

$\quad x_2: -2x + b = 0 \Rightarrow x_2 = \dfrac{b}{2}$

d) $x^2 = 2x$ $\qquad$ | $- 2x$
$\quad x^2 - 2x = 0$ $\qquad$ | x ausklammern
$\quad x(x - 2) = 0$ $\qquad$ | Satz vom Nullprodukt
$\quad x_1 = 0$
$\quad x_2: x - 2 = 0 \Rightarrow x_2 = 2$

Aufgaben zu 4.4

1. a) $x^2 + x - 12 = 0$
Eine Gleichungsseite hat den Wert null, deshalb können die Koeffizienten notiert werden:

$$x^2 + x - 12 = 0 \Rightarrow \begin{cases} a = & 1 \\ b = & 1 \\ c = & -12 \end{cases}$$

Werte in die Lösungsformel einsetzen:

$$x_{1,2} = \frac{-b \pm \sqrt{b^2 - 4ac}}{2a} = \frac{-1 \pm \sqrt{1^2 - 4 \cdot 1 \cdot (-12)}}{2 \cdot 1} = \frac{-1 \pm \sqrt{1 + 48}}{2} = \frac{-1 \pm \sqrt{49}}{2} = \frac{-1 \pm 7}{2}$$

$$x_1 = \frac{-1 - 7}{2} = \frac{-8}{2} = -4; \ \ x_2 = \frac{-1 + 7}{2} = \frac{6}{2} = 3$$

b) $x^2 - 17x = -72$ $\qquad$ | $+ 72$
$\quad x^2 - 17x + 72 = 0$
Eine Gleichungsseite hat den Wert null, deshalb können die Koeffizienten notiert werden:

$$x^2 - 17x + 72 = 0 \Rightarrow \begin{cases} a = & 1 \\ b = & -17 \\ c = & 72 \end{cases}$$

Werte in die Lösungsformel einsetzen:

$$x_{1,2} = \frac{-b \pm \sqrt{b^2 - 4ac}}{2a} = \frac{-(-17) \pm \sqrt{(-17)^2 - 4 \cdot 1 \cdot 72}}{2 \cdot 1} = \frac{17 \pm \sqrt{289 - 288}}{2} = \frac{17 \pm \sqrt{1}}{2} = \frac{17 \pm 1}{2}$$

$$x_1 = \frac{17 - 1}{2} = \frac{16}{2} = 8; \quad x_2 = \frac{17 + 1}{2} = \frac{18}{2} = 9$$

c) $7x^2 - 15x + 2 = 0$

Eine Gleichungsseite hat den Wert null, deshalb können die Koeffizienten notiert werden:

$$7x^2 - 15x + 2 = 0 \Rightarrow \begin{cases} a = 7 \\ b = -15 \\ c = 2 \end{cases}$$

Werte in die Lösungsformel einsetzen:

$$x_{1,2} = \frac{-b \pm \sqrt{b^2 - 4ac}}{2a} = \frac{-(-15) \pm \sqrt{(-15)^2 - 4 \cdot 7 \cdot 2}}{2 \cdot 7} = \frac{15 \pm \sqrt{225 - 56}}{14} = \frac{15 \pm \sqrt{169}}{14} = \frac{57 \pm 13}{14}$$

$$x_1 = \frac{15 - 13}{14} = \frac{2}{14} = \frac{1}{7}; \quad x_2 = \frac{15 + 13}{14} = \frac{28}{14} = 2$$

d) $3x^2 - 2x + \frac{2}{3} = 0$

Eine Gleichungsseite hat den Wert null, deshalb können die Koeffizienten notiert werden:

$$3x^2 - 2x + \frac{2}{3} = 0 \Rightarrow \begin{cases} a = 3 \\ b = -2 \\ c = \frac{2}{3} \end{cases}$$

Werte in die Lösungsformel einsetzen:

$$x_{1,2} = \frac{-b \pm \sqrt{b^2 - 4ac}}{2a} = \frac{-(-2) \pm \sqrt{(-2)^2 - 4 \cdot 3 \cdot \frac{2}{3}}}{2 \cdot 3} = \frac{2 \pm \sqrt{4 - 8}}{6} = \frac{2 \pm \sqrt{-4}}{6}$$

Es gibt keine Lösung in $\mathbb{R}$, da die Diskriminante (Wert unter der Wurzel) negativ ist.

2. a) $x^2 + kx = k^2 \qquad | - k^2$
$x^2 + kx - k^2 = 0$
Eine Gleichungsseite hat den Wert null, deshalb können die Koeffizienten notiert werden:

$$x^2 + kx - k^2 = 0 \Rightarrow \begin{cases} a = 1 \\ b = k \\ c = -k^2 \end{cases}$$

L

95

Werte in die Lösungsformel einsetzen:

$$x_{1,2} = \frac{-b \pm \sqrt{b^2 - 4ac}}{2a} = \frac{-k \pm \sqrt{k^2 - 4 \cdot 1 \cdot (-k^2)}}{2 \cdot 1} = \frac{-k \pm \sqrt{k^2 + 4k^2}}{2} = \frac{-k \pm \sqrt{5k^2}}{2}$$

Die Diskriminante $5k^2$ ist immer positiv ($D > 0$) für alle $k \in \mathbb{R}$.
zwei Lösungen $\Leftrightarrow 5k^2 > 0 \Leftrightarrow k \neq 0$

$$x_1 = \frac{-k - \sqrt{5k^2}}{2}; \quad x_2 = \frac{-k + \sqrt{5k^2}}{2}$$

eine Lösung $\Leftrightarrow 5k^2 = 0 \Leftrightarrow k = 0$

$$x_{1,2} = \frac{-k \pm \sqrt{0}}{2} = \frac{-k}{2}$$

b) $ax^2 + x + 1 = 0$
Eine Gleichungsseite hat den Wert null, deshalb können die Koeffizienten notiert werden:

$$ax^2 + x + 1 = 0 \Rightarrow \begin{cases} a = a \\ b = 1 \\ c = 1 \end{cases}$$

Werte in die Lösungsformel einsetzen:

$$x_{1,2} = \frac{-b \pm \sqrt{b^2 - 4ac}}{2a} = \frac{-1 \pm \sqrt{1^2 - 4 \cdot a \cdot 1}}{2a} = \frac{-1 \pm \sqrt{1 - 4a}}{2a}$$

Diskriminante $D = 1 - 4a$
zwei Lösungen $\Leftrightarrow 1 - 4a > 0 \Leftrightarrow a < 0{,}25$

$$x_1 = \frac{-1 - \sqrt{1 - 4a}}{2a}; \quad x_2 = \frac{-1 + \sqrt{1 - 4a}}{2a}$$

eine Lösung $\Leftrightarrow 1 - 4a = 0 \Leftrightarrow a = 0{,}25$

$$x_{1,2} = \frac{-1 \pm \sqrt{0}}{2 \cdot 0{,}25} = \frac{-1}{0{,}5} = -2$$

keine Lösungen $\Leftrightarrow 1 - 4a < 0 \Leftrightarrow a > 0{,}25$

Wiederholungsaufgaben

1. a) $\begin{aligned} x^2 - 12 &= 0 \qquad &&| + 12 \\ x^2 &= 12 \qquad &&| \sqrt{} \\ |x| &= \sqrt{12} \\ x_1 &= -\sqrt{12}; \; x_2 = \sqrt{12} \end{aligned}$

b) $\begin{aligned} x^2 + 12 &= 0 \qquad &&| - 12 \\ x^2 &= -12 \qquad &&| \sqrt{} \\ |x| &= \sqrt{-12} \Rightarrow \text{keine Lösung in } \mathbb{R} \end{aligned}$

c) $\begin{aligned} x^2 - c &= 0 \qquad &&| + c \\ x^2 &= c \qquad &&| \sqrt{} \\ |x| &= \sqrt{c} \text{ für } c \geq 0 \end{aligned}$

d) $\begin{aligned} x^2 + c &= 0 \qquad &&| - c \\ x^2 &= -c \qquad &&| \sqrt{} \\ |x| &= \sqrt{-c} \text{ für } c \leq 0 \end{aligned}$

2. a) $x^2 + 4x = 0$

Eine Gleichungsseite hat den Wert null, deshalb können die Koeffizienten notiert werden:

a) Lösung durch Ausklammern von x

$x(x + 4) = 0$ | Satz vom Nullprodukt

$x_1 = 0$;

x_2: $x + 4 = 0 \Rightarrow x_2 = -4$

b) Lösung mit der Lösungsformel

$$x^2 + 4x = 0 \Rightarrow \begin{cases} a = 1 \\ b = 4 \\ c = 0 \end{cases}$$

Werte in die Lösungsformel einsetzen:

$$x_{1,2} = \frac{-b \pm \sqrt{b^2 - 4ac}}{2a} = \frac{-4 \pm \sqrt{4^2 - 4 \cdot 1 \cdot 0}}{2 \cdot 1} = \frac{-4 \pm \sqrt{16}}{2} = \frac{-4 \pm 4}{2}$$

$$x_1 = \frac{-4 + 4}{2} = \frac{0}{2} = 0; \quad x_2 = \frac{-4 - 4}{2} = \frac{-8}{2} = -4$$

b) $8x^2 = \frac{11}{3}x + \frac{5}{2}$ | $-\frac{11}{3}x - \frac{5}{2}$ (Umformen, sodass eine Seite gleich null ist.)

$$8x^2 - \frac{11}{3}x - \frac{5}{2} = 0$$

Eine Gleichungsseite hat den Wert null, deshalb können die Koeffizienten notiert werden:

$$8x^2 - \frac{11}{3}x - \frac{5}{2} = 0 \Rightarrow \begin{cases} a = 8 \\ b = -\frac{11}{3} \\ c = -\frac{5}{2} \end{cases}$$

Werte in die Lösungsformel einsetzen:

$$x_{1,2} = \frac{-b \pm \sqrt{b^2 - 4ac}}{2a} = \frac{-\left(-\frac{11}{3}\right) \pm \sqrt{\left(-\frac{11}{3}\right)^2 - 4 \cdot 8 \cdot \left(-\frac{5}{2}\right)}}{2 \cdot 8} = \frac{\frac{11}{3} \pm \sqrt{\frac{121}{9} + 80}}{16} = \frac{\frac{11}{3} \pm \sqrt{\frac{841}{9}}}{16}$$

$$= \frac{\frac{11}{3} \pm \frac{29}{3}}{16}$$

$$x_1 = \frac{\frac{11}{3} - \frac{29}{3}}{16} = \frac{-6}{16} = -\frac{3}{8}; \quad x_2 = \frac{\frac{11}{3} + \frac{29}{3}}{16} = \frac{\frac{40}{3}}{16} = \frac{5}{6}$$

L

c) $\dfrac{2x + 6}{7x - 9} = \dfrac{3x - 1}{5x + 5}$ $| \; (7x - 9) \cdot (5x + 5)$

$(2x + 6) \cdot (5x + 5) = (3x - 1) \cdot (7x - 9)$ $|$ ausmultiplizieren

$10x^2 + 40x + 30 = 21x^2 - 34x + 9$ $| -10x^2 - 40x - 30$

$0 = 11x^2 - 74x - 21$

Eine Gleichungsseite hat den Wert null, deshalb können die Koeffizienten notiert werden:

$11x^2 - 74x - 21 = 0 \Rightarrow \begin{cases} a = 11 \\ b = -74 \\ c = -21 \end{cases}$

Werte in die Lösungsformel einsetzen:

$$x_{1,2} = \frac{-b \pm \sqrt{b^2 - 4ac}}{2a} = \frac{-(-74) \pm \sqrt{(-74)^2 - 4 \cdot 11 \cdot (-21)}}{2 \cdot 11} = \frac{74 \pm \sqrt{6400}}{22} = \frac{74 \pm 80}{22}$$

$$x_1 = \frac{74 - 80}{22} = \frac{-6}{22} = -\frac{3}{11}; \quad x_2 = \frac{74 + 80}{22} = \frac{154}{22} = 7$$

d) $(2x - 1)(x + 2) = 0$ $|$ Satz vom Nullprodukt

$x_1: 2x - 1 = 0 \Rightarrow x_1 = \dfrac{1}{2}; \quad x_2: x + 2 = 0 \Rightarrow x_2 = -2$

3. a) $x^2 - 3ax + 2a^2 = 0$

Eine Gleichungsseite hat den Wert null, deshalb können die Koeffizienten notiert werden:

$x^2 - 3ax + 2a^2 = 0 \Rightarrow \begin{cases} a = 1 \\ b = -3a \\ c = 2a^2 \end{cases}$

Werte in die Lösungsformel einsetzen:

$$x_{1,2} = \frac{-b \pm \sqrt{b^2 - 4ac}}{2a} = \frac{-(-3a) \pm \sqrt{(-3a)^2 - 4 \cdot 1 \cdot (2a^2)}}{2 \cdot 1} = \frac{3a \pm \sqrt{9a^2 - 8a^2}}{2} = \frac{3a \pm \sqrt{a^2}}{2} = \frac{3a \pm a}{2}$$

$$x_1 = \frac{3a - a}{2} = \frac{2a}{2} = a; \quad x_2 = \frac{3a + a}{2} = \frac{4a}{2} = 2a$$

b) $x + \dfrac{1}{x} - k = 0$ $| \cdot x$

$x^2 + 1 - kx = 0$ $|$ sortieren

$x^2 - kx + 1 = 0$

Eine Gleichungsseite hat den Wert null, deshalb können die Koeffizienten notiert werden:

$x^2 - kx + 1 = 0 \Rightarrow \begin{cases} a = 1 \\ b = -k \\ c = 1 \end{cases}$

Werte in die Lösungsformel einsetzen:

$$x_{1,2} = \frac{-b \pm \sqrt{b^2 - 4ac}}{2a} = \frac{-(-k) \pm \sqrt{(-k)^2 - 4 \cdot 1 \cdot 1}}{2 \cdot 1} = \frac{k \pm \sqrt{k^2 - 4}}{2}$$

Diskriminante $D = k^2 - 4$

zwei Lösungen $\Leftrightarrow k^2 - 4 > 0 \Leftrightarrow |k| > 2$

$x_1 = \dfrac{-k - \sqrt{k^2 - 4}}{2}$; $x_2 = \dfrac{-k + \sqrt{k^2 - 4}}{2}$

eine Lösung $\Leftrightarrow k^2 - 4 = 0 \Leftrightarrow |k| = 2$

$k = -2: x_1 = 1$;

$k = 2: x_2 = -1$;

keine Lösungen $\Leftrightarrow k^2 - 4 < 0 \Leftrightarrow |k| < 2$

Lektion 5

Aufgabe zu 5.2

Damit der Graph einer linearen Funktion gezeichnet werden kann, sind zwei Punkte der Funktion zu berechen. Dabei werden zwei Werte für x willkürlich gewählt.

x	0	2
f(x)	–2	–1
g(x)	0	–4

$\Rightarrow$ P(0|–2); Q(2|–1)

$\Rightarrow$ R(0|0); S(2|–4)

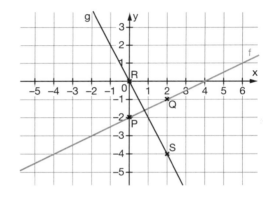

Aufgaben zu 5.3.2

a)

x	–3	–2	–1	0	1	2	3
f(x)	2,25	1	0,25	0	0,25	1	2,25

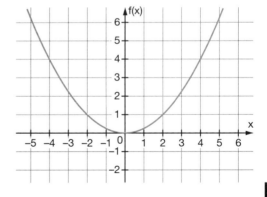

b)

x	−3	−2	−1	0	1	2	3
f(x)	13,5	6	1,5	0	1,5	6	13,5

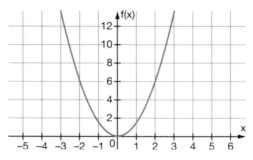

c)

x	−3	−2	−1	0	1	2	3
f(x)	−1,125	−0,5	−0,125	0	−0,125	−0,5	−1,125

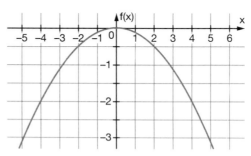

Aufgaben zu 5.3.3

a)

x	−3	−2	−1	0	1	2	3
f(x)	3,5	1	−0,5	−1	−0,5	1	3,5

Scheitel: S(0|−1)

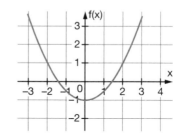

b)

x	−3	−2	−1	0	1	2	3
f(x)	−0,25	1	1,75	2	1,75	1	−0,25

Scheitel: S(0|2)

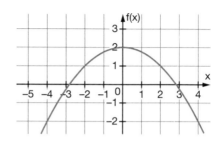

Aufgaben zu 5.3.4

1. a) $f(x) = \left(x + \dfrac{1}{2}\right)^2 \Rightarrow S\left(-\dfrac{1}{2}\,\middle|\,0\right)$

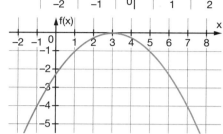

b) $f(x) = -\dfrac{1}{4}(x - 3)^2 \Rightarrow S(3\,|\,0)$

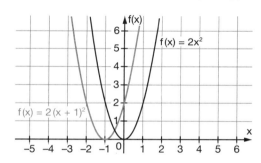

2. $f(x) = 2x^2$ Verschiebung um den Wert -1
auf der x-Achse $\Rightarrow f(x) = 2(x + 1)^2$

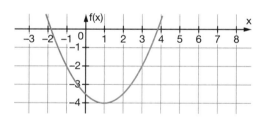

Aufgaben zu 5.3.5

1. a) $f(x) = \dfrac{1}{2}x^2 - x - 3{,}5 \Rightarrow \begin{cases} a = & 0{,}5 \\ b = & -1 \\ c = & -3{,}5 \end{cases}$

Zahlenwerte in die Formel für x_s einsetzen und die Koordinate berechnen:

$x_s = -\dfrac{b}{2a} = -\dfrac{-1}{2 \cdot 0{,}5} = \dfrac{1}{1} = 1$

$x_s = 1$ in Gleichung $f(x) = \dfrac{1}{2}x^2 - x - 3{,}5$ einsetzen:

$f(x_s) = y_s = f(1) = \dfrac{1}{2} \cdot 1^2 - 1 \cdot 1 - 3{,}5 = -4 \Rightarrow$ Scheitel: $S(1\,|\,{-}4)$

Scheitelpunktform $f(x) = a(x - x_s)^2 + y_s \Rightarrow f(x) = \dfrac{1}{2}(x - 1)^2 - 4$

L

101

b) $f(x) = \dfrac{1}{2}x^2 - 6x + 20 \Rightarrow \begin{cases} a = 0{,}5 \\ b = \ -6 \\ c = \ 20 \end{cases}$

Zahlenwerte in die Formel für x_s einsetzen und die Koordinate berechnen:

$x_s = -\dfrac{b}{2a} = -\dfrac{-6}{2 \cdot 0{,}5} = \dfrac{6}{1} = 6$

$x_s = 6$ in Gleichung $f(x) = \dfrac{1}{2}x^2 - 6x + 20$ einsetzen:

$f(x_s) = y_s = f(6) = \dfrac{1}{2} \cdot 6^2 - 6 \cdot 6 + 20 = 2 \Rightarrow$ Scheitel: $S(6\,|\,2)$

Scheitelpunktform $f(x) = a(x - x_s)^2 + y_s \ \Rightarrow f(x) = \dfrac{1}{2}(x - 6)^2 + 2$

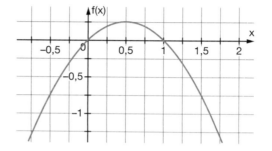

c) $f(x) = -x^2 + x \Rightarrow \begin{cases} a = -1 \\ b = \ 1 \\ c = \ 0 \end{cases}$

Zahlenwerte in die Formel für x_s einsetzen und die Koordinate berechnen:

$x_s = -\dfrac{b}{2a} = -\dfrac{1}{2 \cdot (-1)} = \dfrac{1}{2} = 0{,}5$

$x_s = 0{,}5$ in Gleichung $f(x) = -x^2 + x$ einsetzen:

$f(x_s) = y_s = f(0{,}5) = -(0{,}5)^2 + 1 \cdot 0{,}5 = 0{,}25$

$\Rightarrow$ Scheitel: $S(0{,}5\,|\,0{,}25)$

Scheitelpunktform $f(x) = a(x - x_s)^2 + y_s \ \Rightarrow f(x) = -(x - 0{,}5)^2 + 0{,}25$

d) $f(x) = \dfrac{x^2}{3} - \dfrac{x}{2} = \dfrac{1}{3}x^2 - \dfrac{1}{2}x \Rightarrow \begin{cases} a = \ \dfrac{1}{3} \\ b = -\dfrac{1}{2} \\ c = \ 0 \end{cases}$

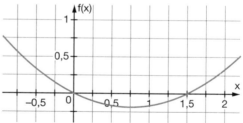

Zahlenwerte in die Formel für x_s einsetzen und die Koordinate berechnen:

$x_s = -\dfrac{b}{2a} = -\dfrac{-\frac{1}{2}}{2 \cdot \left(\frac{1}{3}\right)} = \dfrac{\frac{1}{2}}{\frac{2}{3}} = \dfrac{1}{2} \cdot \dfrac{3}{2} = \dfrac{3}{4}$

$x_s = \dfrac{3}{4}$ in Gleichung $f(x) = \dfrac{1}{3}x^2 - \dfrac{1}{2}x$ einsetzen:

$f(x_s) = y_s = f\!\left(\dfrac{3}{4}\right) = \dfrac{1}{3} \cdot \left(\dfrac{3}{4}\right)^2 - \dfrac{1}{2} \cdot \dfrac{3}{4} = \dfrac{1}{3} \cdot \dfrac{9}{16} - \dfrac{3}{8} = \dfrac{3}{16} - \dfrac{6}{16} = -\dfrac{3}{16}$

$\Rightarrow$ Scheitel: $S\!\left(\dfrac{3}{4}\,\Big|-\dfrac{3}{16}\right)$

Scheitelpunktform $f(x) = a(x - x_s)^2 + y_s \ \Rightarrow f(x) = \dfrac{1}{3}\left(x - \dfrac{3}{4}\right)^2 - \dfrac{3}{16}$

2. $f(x) = \frac{1}{2}x^2 + bx + 2 \Rightarrow \begin{cases} a = 0{,}5 \\ b = \ \ b \\ c = \ \ 2 \end{cases}$

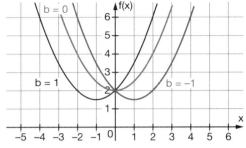

Zahlenwerte in die Formel für x_s einsetzen und die Koordinate berechnen:

$x_s = -\dfrac{b}{2a} = -\dfrac{b}{2 \cdot 0{,}5} = -\dfrac{b}{1} = -b$

$x_s = -b$ in Gleichung $f(x) = \frac{1}{2}x^2 + bx + 2$ einsetzen:

$f(x_s) = y_s = f(-b) = \frac{1}{2} \cdot (-b)^2 + b \cdot (-b) + 2 = \frac{1}{2}b^2 - b^2 + 2 = -\frac{1}{2}b^2 + 2$

$\Rightarrow$ Scheitel: $S\left(-b \middle| -\frac{1}{2}b^2 + 2\right)$

Scheitelpunktform $f(x) = a(x - x_s)^2 + y_s \Rightarrow f(x) = \frac{1}{2}(x + b)^2 - \frac{1}{2}b^2 + 2$

Wiederholungsaufgaben

1. a) Es handelt sich um eine Funktion, da jedem Wert für x genau ein y-Wert zugeordnet wird.

   b) Es handelt sich um eine Relation, da einem x-Wert unendlich viele y-Werte zugeordnet werden.

   c) Es handelt sich um eine Funktion, da jedem Wert für x genau ein y-Wert zugeordnet wird.

   d) Es handelt sich um eine Relation, da einem x-Wert stellenweise zwei y-Werte zugeordnet werden.

2. Um zu überprüfen, ob ein Wertepaar (Punkt) Element einer Funktion ist, werden die Koordinaten des Punktes in die Funktionsgleichung eingesetzt und überprüft, ob eine wahre Aussage vorliegt.

$P(2|2)$ in p: $p(2) = 0{,}5 \cdot 2^2 - 2 \cdot 2 + 4 = 2$
$\qquad\qquad\qquad\qquad 2 = 2$ (wahr) $\Rightarrow P \in p$

$Q(-1|6)$ in p: $p(-1) = 0{,}5 \cdot (-1)^2 - 2 \cdot (-1) + 4 = 6$
$\qquad\qquad\qquad\qquad 6{,}5 = 6$ (falsch) $\Rightarrow Q \notin p$

$R(1|2{,}5)$ in p: $p(1) = 0{,}5 \cdot (1)^2 - 2 \cdot (1) + 4 = 2{,}5$
$\qquad\qquad\qquad\qquad 2{,}5 = 2{,}5$ (wahr) $\Rightarrow R \in p$

3. a) $f(x) = -0{,}5x^2 + x + 0{,}5 \Rightarrow \begin{cases} a = -0{,}5 \\ b = \ \ \ 1 \\ c = \ \ 0{,}5 \end{cases}$

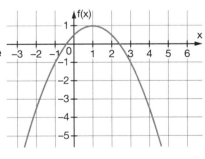

   Zahlenwerte in die Formel für x_s einsetzen und die Koordinate berechnen:

$x_s = -\dfrac{b}{2a} = -\dfrac{1}{2 \cdot (-0{,}5)} = \dfrac{1}{1} = 1$

$x_s = 1$ in Gleichung $f(x) = -0{,}5x^2 + x + 0{,}5$ einsetzen:

$f(x_s) = y_s = f(1) = -0{,}5 \cdot (1)^2 + 1 \cdot 1 + 0{,}5 = 1$

$\Rightarrow$ Scheitel: $S(1|1)$

Scheitelpunktform $f(x) = a(x - x_s)^2 + y_s \Rightarrow f(x) = -0{,}5(x - 1)^2 + 1$

L

3. b) $f(x) = -\frac{1}{3}x^2 - \frac{10}{3}x - \frac{13}{3} \Rightarrow \begin{cases} a = -\frac{1}{3} \\ b = -\frac{10}{3} \\ c = -\frac{13}{3} \end{cases}$

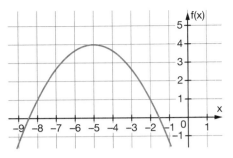

Zahlenwerte in die Formel für x_s einsetzen und die Koordinate berechnen:

$$x_s = -\frac{b}{2a} = -\frac{-\frac{10}{3}}{2 \cdot \left(-\frac{1}{3}\right)} = -\frac{-\frac{10}{3}}{\frac{2}{3}} = -\frac{10}{3} \cdot \frac{3}{2} = -5$$

$x_s = -5$ in Gleichung $f(x) = -\frac{1}{3}x^2 - \frac{10}{3}x - \frac{13}{3}$ einsetzen:

$$f(x_s) = y_s = f(-5) = -\frac{1}{3} \cdot (-5)^2 - \frac{10}{3} \cdot (-5) - \frac{13}{3} = -\frac{25}{3} + \frac{50}{3} - \frac{13}{3} = \frac{12}{3} = 4$$

$\Rightarrow$ Scheitel: $S(-5 \mid 4)$

Scheitelpunktform $f(x) = a(x - x_s)^2 + y_s \Rightarrow f(x) = -\frac{1}{3}(x + 5)^2 + 4$

4. Normalparabeln $\Rightarrow a = 1$ oder $a = -1$, entsprechend der Parabelöffnung

Funktion f: Aus dem Graphen folgt: $S(-2 \mid 3)$; $a = -1$ (Öffnung nach unten)
Scheitelpunktform: $f(x) = a(x - x_s)^2 + y_s \Rightarrow f(x) = -(x + 2)^2 + 3$
Allgemeine Form: $f(x) = -(x^2 + 4x + 4) + 3 = -x^2 - 4x - 1$

Funktion g: Aus dem Graphen folgt: $S(3 \mid -2)$; $a = 1$ (Öffnung nach oben)
Scheitelpunktform: $f(x) = a(x - x_s)^2 + y_s \Rightarrow f(x) = (x - 3)^2 - 2$
Allgemeine Form: $f(x) = (x^2 - 6x + 9) - 2 = x^2 - 6x + 7$

Lektion 6

Aufgaben zu 6.1

a) $f: f(x) = \frac{1}{2}x^2 + 2x$

Scheitel: $f(x) = \frac{1}{2}x^2 + 2x \Rightarrow \begin{cases} a = 0,5 \\ b = 2 \\ c = 0 \end{cases}$

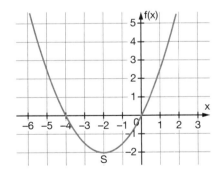

Zahlenwerte in die Formel für x_s einsetzen und die Koordinate berechnen:

$$x_s = -\frac{b}{2a} = -\frac{2}{2 \cdot 0,5} = -\frac{2}{1} = -2$$

$x_s = -2$ in Gleichung $f(x) = \frac{1}{2}x^2 + 2x$ einsetzen:

$$f(x_s) = y_s = f(-2) = \frac{1}{2} \cdot (-2)^2 + 2 \cdot (-2) = 2 - 4 = -2$$

$\Rightarrow$ Scheitel: $S(-2 \mid -2)$

Nullstellen: $f(x) = 0$

$0 = \frac{1}{2}x^2 + 2x$ | x ausklammern

$0 = x\left(\frac{1}{2}x + 2\right)$ | Satz vom Nullprodukt

$x_1 = 0$; $\frac{1}{2}x + 2 = 0 \Rightarrow x_2 = -4$

b) f: $f(x) = -x^2 + 4x - 4$

Scheitel: $f(x) = -x + 4x - 4 \Rightarrow \begin{cases} a = -1 \\ b = 4 \\ c = -4 \end{cases}$

Zahlenwerte in die Formel für x_s einsetzen und die Koordinate berechnen:

$x_s = -\dfrac{b}{2a} = -\dfrac{4}{2 \cdot (-1)} = -\dfrac{4}{-2} = 2$

$x_s = 2$ in Gleichung $f(x) = -x^2 + 4x - 4$ einsetzen:
$y_s = f(2) = -(2)^2 + 4 \cdot (2) - 4 = -4 + 8 - 4 = 0$
$\Rightarrow$ Scheitel: $S(2 | 0)$

Nullstellen: $f(x) = 0$
$0 = -x^2 + 4x - 4$ | Koeffizienten in Lösungsformel einsetzen

$x_{1,2} = \dfrac{-b \pm \sqrt{b^2 - 4ac}}{2a} = \dfrac{-4 \pm \sqrt{4^2 - 4 \cdot (-1) \cdot (-4)}}{2 \cdot (-1)} = \dfrac{-4 \pm \sqrt{16 - 16}}{-2} = \dfrac{-4 \pm \sqrt{0}}{-2} = \dfrac{-4 \pm 0}{-2}$

$x_1 = \dfrac{-4 - 0}{-2} = 2$; $x_2 = \dfrac{-4 + 0}{-2} = 2$

$x_1 = x_2 = 2 \Rightarrow$ „doppelte" Nullstelle bzw. Nullstelle der Vielfachheit zwei

Aufgabe zu 6.2

Die Kreisfläche A kann mit der Formel $A(r) = \pi \cdot r^2$ berechnet werden. Damit der Graph der Funktion gezeichnet werden kann, müssen Funktionswerte für $0 \le r \le 50$ berechnet werden.

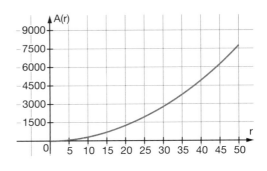

r	0	10	20	30	40	50
A(r)	0	314	1256	2826	5024	7850

L

Aufgabe zu 6.3

Die Koordinaten des Scheitels $S(24|22)$ sind in die Formel für die Berechnung der Scheitelpunktkoordinaten einzusetzen.

$x_s = 24$ in $x_s = -\dfrac{b}{2a}$

(I) $\qquad 24 = -\dfrac{b}{2a} \quad | \cdot 2a$

$\qquad 48a = -b \qquad | \cdot (-1)$

$\qquad -48a = b$

$y_s = 22$ in $y_s = c - \dfrac{b^2}{4a}$

Der Graph der Funktion geht durch den Ursprung $O(0|0)$, deshalb gilt: $c = 0$

(II) $\qquad 22 = 0 - \dfrac{b^2}{4a} = -\dfrac{b^2}{4a} \qquad | \cdot 4a$

$\qquad 88a = -b^2$

aus (I) $b = -48a$ in (II): $88a = -(-48a)^2$

$\qquad\qquad\qquad\qquad 88a = -2304a^2 \qquad | + 2304a^2$

$\qquad\qquad\qquad 2304a^2 + 88a = 0 \qquad |\text{ a ausklammern}$

$\qquad\qquad\qquad a(2304a + 88) = 0 \qquad |\text{ Satz vom Nullprodukt}$

$a_1 = 0$ ist keine Lösung, da quadratische Gleichungen nur für $a \neq 0$ definiert sind.

$2304a + 88 = 0 \Rightarrow a_2 = \dfrac{-88}{2304} = -\dfrac{11}{288}$

$a = -\dfrac{11}{288}$ in (I): $b = -48 \cdot \left(-\dfrac{11}{288}\right) = \dfrac{48 \cdot 11}{288} = \dfrac{11}{6}$

$\Rightarrow p(x) = -\dfrac{11}{288}x^2 + \dfrac{11}{6}x$

Aufgabe zu 6.4

Abstand d bestimmen: $d = y_p - y_f$

Für den Abstand an jeder Stelle x gilt:

$d(x) = p(x) - f(x)$ mit

$p(x) = \dfrac{1}{4}x^2 - 2x + 5$ und

$f(x) = -(x-2)^2 + 1 = -x^2 + 4x - 3;$

$d(x) = \dfrac{1}{4}x^2 - 2x + 5 - (-x^2 + 4x - 3)$

$d: d(x) = \dfrac{5}{4}x^2 - 6x + 8$

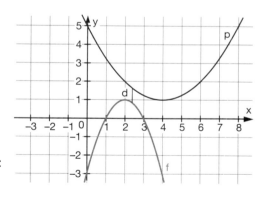

Scheitelpunktkoordinaten von d bestimmen:

$d(x) = \dfrac{5}{4}x^2 - 6x + 8 \Rightarrow \begin{cases} a = \dfrac{5}{4} \\ b = -6 \\ c = 8 \end{cases}$

$x_s = -\dfrac{b}{2a} = -\dfrac{-6}{2 \cdot \frac{5}{4}} = \dfrac{12}{5} = 2,4$

$y_s = d(x_s) = \dfrac{5}{4} \cdot \left(\dfrac{12}{5}\right)^2 - 6 \cdot \left(\dfrac{12}{5}\right) + 8 = \dfrac{4}{5} = 0,8$

Die Scheitelpunktkoordinaten $S\left(\frac{12}{5}\middle|\frac{4}{5}\right)$ sagen somit aus, dass an der Stelle $x_s = 2{,}4$ der minimalste Abstand $y_s = 0{,}8$ Längeneinheiten zwischen den Graphen der Funktion p und der Funktion f beträgt.

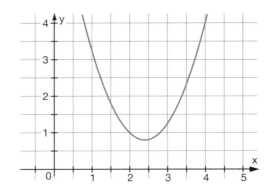

Aufgaben zu 6.5

a) **Berechnung der Fensterfläche:**
Bei der Fensterfläche A handelt es sich um eine zusammengesetzte Fläche aus einem Rechteck A_R und einer Halbkreisfläche A_{HK}.
Die Formel für die Berechnung der Rechtecksfläche lautet Länge l mal Breite b:
$A_R = l \cdot b$
Die Formel für die Fläche des Halbkreises lautet:

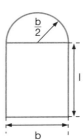

$A_{HK} = \frac{1}{2}\pi \cdot r^2$
Aus $r = \frac{b}{2}$ folgt: $A_{HK} = \frac{1}{2}\pi \cdot \left(\frac{b}{2}\right)^2 = \frac{\pi}{8}b^2$
$\Rightarrow A(l,b) = l \cdot b + \frac{\pi}{8}b^2$

Nebenbedingung verwenden
Der Umfang U des Fensters soll 8 m betragen. Der Umfang U setzt sich zusammen aus den zwei Seiten l und der Seite b sowie dem Umfang des Halbkreisbogens mit dem Durchmesser b.

$\Rightarrow U = 2l + b + \frac{1}{2}\pi \cdot b = 2l + b\left(1 + \frac{\pi}{2}\right) = 8$

Gleichung nach l umstellen:

$2l = 8 - b\left(1 + \frac{\pi}{2}\right) \quad | : 2$

$l = 4 - b\left(\frac{1}{2} + \frac{\pi}{4}\right)$

Funktionsgleichung bestimmen

$l = 4 - b\left(\dfrac{1}{2} + \dfrac{\pi}{4}\right)$ in Gleichung $A(l,b) = l \cdot b + \dfrac{\pi}{8}b^2$ einsetzen, dann wird l eliminiert:

$$A(b) = \left(4 - b\left(\dfrac{1}{2} + \dfrac{\pi}{4}\right)\right) \cdot b + \dfrac{\pi}{8}b^2 = 4b - \dfrac{1}{2}b^2 - \dfrac{\pi}{4}b^2 + \dfrac{\pi}{8}b^2 = \left(-\dfrac{1}{2} - \dfrac{\pi}{8}\right)b^2 + 4b$$

$$A(b) \approx -0{,}9b^2 + 4b$$

Die Funktionsgleichung beschreibt für jeden Wert von b aus der Definitionsmenge den Flächeninhalt des Fensters.

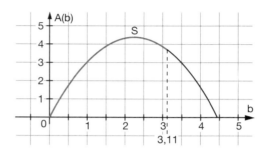

Definitionsmenge D_b für b bestimmen

Zur Bestimmung der Definitionsmenge muss die Skizze betrachtet werden:
Für $b \to 0$ erhält man ein Fenster mit 4 m Länge, für $l \to 0$ erhält man einen Halbkreis mit 8 m Umfang:

$$8 = b + \dfrac{1}{2}\pi \cdot b = b\left(1 + \dfrac{\pi}{2}\right) \Rightarrow b \approx 3{,}11$$

Für eine sinnvolle Definitionsmenge gilt: $D_b = \{b \mid 0 < b < 3{,}11\}_{\mathbb{R}}$

b) **Maximale Fläche bestimmen**

Bei der Funktionsgleichung für die Fläche des Fensters handelt es sich um eine quadratische Gleichung, deren Graph eine nach unten geöffnete Parabel ist. Das bedeutet, dass die y-Koordinate des Scheitels der größte Ordinatenwert ist und somit die gesuchte Größe (größte Fläche).

$$A(b) = -0{,}9 \cdot b^2 + 4 \cdot b \Rightarrow \begin{cases} a = -0{,}9 \\ b = \quad 4 \\ c = \quad 0 \end{cases}$$

$$x_s = -\dfrac{b}{2a} = -\dfrac{4}{2 \cdot (-0{,}9)} = \dfrac{4}{1{,}8} = 2{,}22 \in D_x$$

Wird b = 2,22 in die Funktionsgleichung $A(b) = -0{,}9 \cdot b^2 + 4 \cdot b$ eingesetzt, so erhält man den y-Wert der Scheitelpunktkoordinate und somit die gesuchte maximale Fläche.

$$y_s = A(2{,}22) = -0{,}9 \cdot (2{,}22)^2 + 4 \cdot 2{,}22 = 4{,}44$$

Die maximale Fläche des Fensters beträgt 4,44 Quadratmeter. Der Graph zeigt auch, dass an den Grenzen der Definitionsmenge für b = 0 die Maßzahl der Fläche 0 ist, für b = 3,11 die Fläche des Halbkreises A(3,11) = 3,8 Quadratmeter übrig bleibt.

Für die Länge l des Fensters gilt $l = 4 - b\left(\dfrac{1}{2} + \dfrac{\pi}{4}\right)$.
Mit b = 2,22:
$$l = 4 - 2{,}22 \cdot \left(\dfrac{1}{2} + \dfrac{\pi}{4}\right) = 1{,}146 \text{ Meter}$$

Wiederholungsaufgaben

1. a) **Spannweite**

Die Spannweite Δs ist die Differenz der Nullstellenwerte.

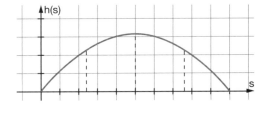

$$h(s) = -\frac{1}{20}s^2 + \frac{5}{4}s = s\left(-\frac{1}{20}s + \frac{5}{4}\right)$$

Satz vom Nullprodukt:

$$s_1 = 0 \text{ oder } \left(-\frac{1}{20}s + \frac{5}{4}\right) = 0$$

$$\frac{1}{20}s = \frac{5}{4} \quad | \cdot 20$$

$$s_2 = 25$$

$\Delta s = s_2 - s_1 = 25 - 0 = 25$

Der Brückenbogen hat eine spannweite von 25 Meter.

b) **Scheitelpunktkoordinaten**

$$h(s) = -\frac{1}{20}s^2 + \frac{5}{4}s \Rightarrow \begin{cases} a = -\frac{1}{20} \\ b = \frac{5}{4} \\ c = 0 \end{cases}$$

$$s_s = -\frac{b}{2a} = \frac{-\frac{5}{4}}{2 \cdot \left(-\frac{1}{20}\right)} = 12{,}5$$

Wird $s_s = 12{,}5$ in die Funktionsgleichung $h(s) = -\frac{1}{20}s^2 + \frac{5}{4}s$ eingesetzt, so erhält man den y-Wert der Scheitelpunktkoordinate und somit den höchsten Wert des Brückenbogens.

$$y_s = h(12{,}5) = -\frac{1}{20} \cdot (12{,}5)^2 + \frac{5}{4} \cdot 12{,}5 = 7{,}81$$

Die höchste Stelle des Brückenbogens beträgt 7,81 Meter.

c) **Stablänge**

Die Länge der Stäbe entspricht den Funktionswerten an dieser Stelle in Meter.

$$s_1 = 6: h(6) = -\frac{1}{20} \cdot 6^2 + \frac{5}{4} \cdot 6 = 5{,}7$$

$$s_2 = 12{,}5: h(12{,}5) = 7{,}81$$

$$s_3 = 19: h(19) = -\frac{1}{20} \cdot 19^2 + \frac{5}{4} \cdot 19 = 5{,}7$$

L

2. a) **Temposünder (konstante Bewegung):**

$s_1(t) = v_{konst} \cdot t + s_0$

mit $v_{konst} = 144 \frac{km}{h} = 40 \frac{m}{s}$ und $s_0 = 100$

$\Rightarrow s_1(t) = 40 \cdot t + 100$

Polizeistreife (beschleunigte Bewegung):

$s_2(t) = \frac{1}{2} \cdot a \cdot t^2$ mit $a = 3\frac{m}{s^2}$

$\Rightarrow s_2(t) = \frac{3}{2} \cdot t^2$

Die Graphen der Funktionsgleichungen zeigt das nebenstehende Bild.

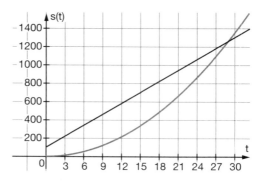

b) Wenn sich der Temposünder und die Polizeistreife treffen, dann muss gelten:

$s_1(t) = s_2(t)$.

$40 \cdot t + 100 = \frac{3}{2} \cdot t^2$ $\quad$ | Lösen quadratischer Gleichungen $\Rightarrow$ Eine Seite muss gleich null sein.

$40 \cdot t + 100 = \frac{3}{2} \cdot t^2$ $\quad$ | $-40t - 100$

$\frac{3}{2}t^2 - 40t - 100 = 0 \Rightarrow \begin{cases} a = \frac{3}{2} \\ b = -40 \\ c = -100 \end{cases}$

$t_{1,2} = \dfrac{-(-40) \pm \sqrt{(-40)^2 - 4 \cdot \frac{3}{2} \cdot (-100)}}{2 \cdot \frac{3}{2}} = \dfrac{40 \pm \sqrt{2200}}{3}$

$t_1 = \dfrac{40 - \sqrt{2200}}{3} \approx -2{,}3$ fällt als Lösung weg, da gilt: $t \geq 0$

$t_2 = \dfrac{40 + \sqrt{2200}}{3} \approx 28{,}97$

Die Polizeistreife holt den Temposünder nach 28,97 Sekunden ein.

Zurückgelegte Strecke: $t = 28{,}97$ in $s_1(t)$ oder $s_2(t)$

$s_2(28{,}97) = \frac{3}{2}(28{,}97)^2 = 1258{,}9$

Die zurückgelegte Wegstrecke beträgt 1258,9 Meter.

Register